高等职业教育建筑设计类专业教材

GAODENG ZHIYE JIAOYU JIANZHU SHEJILEI ZHUANYE JIAOCAI

ARCHITECTURAL DESIGN

JIANZHU SHEJI
BIM JISHU
YINGYONG

建筑设计
BIM技术应用

主 编／朱倩怡 王 蕊

副主编／张银会 张春丽 黄思权

重庆大学出版社

内容提要

本书针对应用 BIM 技术开展建筑设计的各方面工作,以及与其有密切关系的内容作理论梳理和实践介绍,从而训练学生应用 BIM 技术开展建筑设计实操。本书共分为 4 个模块:模块 1 为建筑设计 BIM 技术概述,介绍建筑设计中涉及的 BIM 技术内容及其应用环境;模块 2 为 Revit 族建模,介绍认识族的概念以及部分建模方法;模块 3 为 Revit 建筑建模,让学生掌握建筑设计中 BIM 技术的建模工作;模块 4 为出图,解决应用 BIM 技术开展建筑设计后期成果输出的问题。全书共设置了 14 个任务,从认识建筑设计中的 BIM 技术到实操出图,覆盖建筑设计工作的主要流程。

本书可作为高等职业院校建筑设计、建筑工程技术等专业学生的教材,也可作为 BIM 技术应用的培训教材。

图书在版编目(CIP)数据

建筑设计 BIM 技术应用 / 朱倩怡,王蕊主编. -- 重庆 : 重庆大学出版社,2021.8
高等职业教育建筑设计类专业教材
ISBN 978-7-5689-2769-7

Ⅰ. ①建… Ⅱ. ①朱… ②王… Ⅲ. ①建筑设计—计算机辅助设计—应用软件—高等职业教育—教材 Ⅳ. ①TU201.4

中国版本图书馆 CIP 数据核字(2021)第 110457 号

高等职业教育建筑设计类专业教材

建筑设计 BIM 技术应用

主编:朱倩怡　王　蕊
副主编:张银会　张春丽　黄思权
责任编辑:范春青　舒　畀　版式设计:范春青
责任校对:王　倩　　　　责任印制:赵　晟

*

重庆大学出版社出版发行
出版人:饶帮华
社址:重庆市沙坪坝区大学城西路 21 号
邮编:401331
电话:(023)88617190　88617185(中小学)
传真:(023)88617186　88617166
网址:http://www.cqup.com.cn
邮箱:fxk@ cqup.com.cn(营销中心)
全国新华书店经销
重庆巍承印务有限公司印刷

*

开本:787mm×1092mm　1/16　印张:11.25　字数:254 千
2021 年 8 月第 1 版　　2021 年 8 月第 1 次印刷
印数:1—2 000
ISBN 978-7-5689-2769-7　定价:49.00 元

本书编委会

主　编：朱倩怡　　重庆建筑工程职业学院

　　　　王　蕊　　重庆建筑工程职业学院

副主编：张银会　　重庆建筑工程职业学院

　　　　张春丽　　重庆建筑工程职业学院

　　　　黄思权　　重庆中科建设(集团)有限公司

参　编：欧　涛　　中建科技有限公司四川分公司

　　　　陶佳能　　重庆建筑工程职业学院

　　　　李　栋　　福州大学

　　　　郁雯雯　　上海水石建筑规划设计股份有限公司重庆分公司

　　　　丁王飞　　重庆建筑工程职业学院

　　　　武新杰　　重庆建筑工程职业学院

　　　　李家林　　重庆建筑工程职业学院

　　　　吕芸昊　　重庆市建筑科学研究院有限公司

　　　　周治宏　　重庆市设计院有限公司

前　言

当前我国的建筑产业已经从量的积累阶段进入质的提升阶段。未来 5 至 10 年，随着建筑标准的不断提高，必将会带来整个产业链的革命。建筑设计是建筑工程项目中至关重要的一环，在过去 20 年的时间里已经基本形成了一套成熟的、运转有效的工作体制，从设计到审核再到行政审批都有章可依，从制图内容到设计尺度都有标可寻。近年来，我国在大力发展绿色建筑和装配式建筑等一系列举措之下，建筑设计工作也面临新的挑战和机遇。其中，BIM 技术的推行影响着建筑设计产业链上的各个环节。在市场需求改变的新形势下，迫使设计企业不得不面临新的要求，如何引进、如何学习、如何组织、如何选择，都成为现今设计企业面对的问题。

2019 年，国家对在校学生推行"1+X"职业技能等级证书制度，其中就包含 BIM 职业技能等级证书，这意味着 5 年以内，步入社会的一线建筑设计从业人员中，有很大一部分会掌握不同程度的 BIM 技术，这对基于传统设计方式的设计模式将会是一个巨大的冲击，新老人员的大量培训是客观存在的。

本书以建筑设计工作中的 BIM 技术应用内容为中心，以建筑设计的工作程序为线索，按照建筑工程设计的分工、程序和成果要求展开介绍。同时，本书立足高职教育最新形势，积极响应"1+X"证书制度及 BIM 职业技能等级考试，适当融合考试模块要求和标准，根据考题结构、特点安排课后练习和任务。本书以提高学生的实操能力为目标，内容模块化，任务递进式，教师和学生均可根据自身情况选择教学内容，所有任务按照建筑设计工作或"1+X"BIM 职业技能等级考试的内容设置，易上手且逐步递进。本书鼓励学生探索性学习，在"跟随操作"任务之后还安排了"独立操作"的新任务。

本书由朱倩怡、王蕊担任主编，张银会、张春丽、黄思权担任副主编，欧涛、陶佳能、李栋等参与编写（详见"本书编委会"）。其中，朱倩怡负责模块 1、模块 4 以及目录、前言等的编写；王蕊负责模块 2、模块 3 的编写；张银会、张春丽负责课后练习和任务的选择整理;黄思权负责整理和编写实际工程案例资料;丁王飞、欧涛负责教材案例的修改;李栋负责模块 1 的审核;陶佳能、李家林负责整理建模案例 CAD 资源;武新杰、吕芸昊、郁雯雯负责整理建筑设计案例。

由于 BIM 技术日新月异,相关软件技术更新迅速,书中信息难免有疏漏或一定程度滞后,恳请读者指正。

编　者

2021 年 3 月

CONTENTS **目录**

模块 1　建筑设计 BIM 技术概述

任务 1　BIM 设计基础知识练习

任务清单

1.学习 BIM 相关基础知识,了解 BIM 技术应用的条件、规则,明确设计过程中 BIM 技术应用模式、方案和模型深度,熟悉设计工作中涉及的 BIM 技术分析和成果表达方式。

2.在电脑上安装 AutoCAD、天正建筑、SketchUp、Revit(尽量选择最新版本),并运行软件,熟悉界面。

3.独立完成课后练习题。

1.1　设计工作 BIM 技术应用环境

1.1.1　设计企业 BIM 应用环境

BIM 技术的应用是一项从顶层设计就开始的工作。建筑设计工作,究竟要应用哪些 BIM 技术? 要应用到什么程度? 这些问题都需要在项目开展之初做好计划。基于不同的 BIM 技术应用模式,目前设计企业的 BIM 应用环境一般涉及以下 3 个方面的内容:

①人力资源:企业内从事 BIM 技术支持或组织协调相关工作的人员。

②IT 环境:BIM 技术应用过程中所需的软件和硬件资源,如 BIM 技术应用所需的各类软件、计算机、服务器以及网络支持设备等。

③BIM 资源环境:企业在 BIM 技术应用过程中累积并经过标准化处理形成的可重复利用的 BIM 信息资源。

1.1.2　建筑设计 BIM 应用模式

1)以三维模型设计为主模式

应用 BIM 技术和软件建立相对完整的建筑模型,再以模型为中心进行碰撞检查等工作;

根据需要,由模型生成二维图形;再通过 CAD 完善、修整二维图形并完成出图(图 1.1)。这种工作模式的建模工作量大,建模难度和要求都较高,但只要模型准确、信息量足够大,大多数二维图形可以基于模型直接生成。需要注意的是,直接从模型生成的二维图形可能存在不符合建筑工程制图要求的情况,需要通过 CAD 等绘图软件调整、完善。

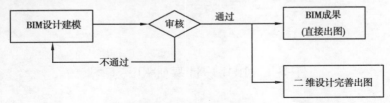

图 1.1   建筑设计以三维模型设计为主工作模式

2)以二维图形设计为主模式

以二维图形为基础进行建模,业内又称"翻模"。二维图纸作为建筑工程设计、管理、施工等工作的主要内容和依据,模型则多用于一些辅助性工作,如可视化展示、专业协调等,这是目前较为普遍的一种工作模式(图 1.2)。究其原因,一方面目前普遍使用的 CAD 技术建筑制图软件兼具了对国内标准规范的支持能力,以及部分建筑信息处理能力,而成为设计企业 BIM 应用软件最主要的组成部分。另一方面受建筑工程行政管理机制的影响,过去的 20 多年,也是我国建筑行业蓬勃发展的阶段,二维平面蓝图一直是工程审批、核准或备案的主要内容,以 CAD 技术为基础的二维图形绘制成为很长一段时间里设计企业的主要工作内容。

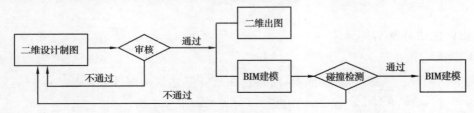

图 1.2   建筑设计以二维图形设计为主的工作模式

二维图形作为建筑工程设计工作的主要内容,已经拥有了一套成熟的制图规范、标准及审核要求,每一个阶段的工作都有章可循,这使得以图形为主的工作模式依然广泛存在于各类设计企业中。但随着 BIM 应用的深入和日趋规范化,设计工作会逐步在建筑模型上投入更多,甚至过渡到以模型为主。

3)模型与图形并重模式

随着软件技术的不断发展,CAD 软件本身在三维模型的呈现上也越发强大,能够建立起简单模型;若绘制平面图时给予图形详细的属性及参数,部分模型还可由平面图形直接生成,即绘制平面图形的同时就在建模,变换三维视图就可得到建筑模型。工作模式如图 1.3 所示。在设计制图过程中同步建模,利用平面图形与 BIM 模型互补互查,根据工作目的的不同,一些以模型为主完成,一些以二维图形为主完成。这种工作模式下,二维图形与模型关联性强,在绘制和建模的过程中就能发现不匹配和错误之处。

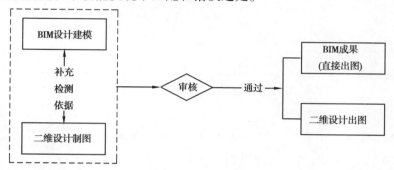

图 1.3　建筑设计模型与图形并重工作模式

1.2　BIM 技术条件

1.2.1　BIM 技术软件

1)BIM 建筑设计软件

建筑设计工作各阶段的要求不尽相同,常用 BIM 软件也有所不同,常用建模软件和可视化软件详见表1.1。

表 1.1　常用 BIM 技术建筑设计建模及可视化软件

软　件			适用阶段		
软件名称	开发公司	主要功能	方案设计	初步设计	施工图设计
SketchUp	Trimble	建模	▲		
Rhino	Robert McNeel	建模	▲	▲	
Revit	Autodesk	建模		▲	▲
Showcase		可视化		▲	
NavisWorks		协调		▲	▲
Civil 3D		场地		▲	▲
AutoCAD		制图	▲	▲	▲
ArchiCAD	Graphisoft	制图、建模	▲	▲	▲
AECOsim Building Designer	Bentley	建模		▲	▲

续表

软件			适用阶段		
软件名称	开发公司	主要功能	方案设计	初步设计	施工图设计
CATIA	Dassault System	跨平台 3D 建筑设计	▲	▲	
Lumion	Art-3D	可视化、动画	▲	▲	

有些 BIM 技术软件功能相似,实际上各有所长和偏重。例如,同样是建模,SketchUp、AutoCAD、ArchiCAD、Revit、Rhino 都可以,但 AutoCAD 还是平面制图功能更加强大;Revit 模型的参数信息化功能更丰富,且对各专业协同作业的支持度更好;而 SketchUp、Rhino 更偏重模型的可视化。在可视化模型的呈现下也有区别,SketchUp 操作最为简便,适合快速生成模型和场景;而 Rhino 对一些不规则的表面和复杂造型的建模功能强大,受到工业设计工作者的青睐,在建筑设计企业里反而应用较少,若针对薄壳类建筑、复杂钢结构建筑、膜结构建筑,使用 Rhino 建模则可获得较好的效果。再例如,CATIA 在建筑行业属于较小众的软件,多用于航空和汽车工业,它可以实现在 Windows、Unix 等多平台跨平台实施 3D 建模和渲染,著名的 Boeing777 飞机就是用该软件设计的。

BIM 软件众多,功能也都有所重复,关键是了解它们之间的区别和所长,才能在建筑设计的不同阶段根据设计任务选择适宜的软件。

以建筑设计人员最熟悉的 AutoCAD 为例,目前国内一线建筑设计人员用得最多的制图软件是在 AutoCAD 平台上运行的天正建筑,其平面制图功能强大,也能建立建筑信息模型(图 1.4),但对于一些曲面和复杂细节,实现起来比较烦琐和困难。建筑设计方案阶段建模使用较多的是 SketchUp,图 1.5 所示为软件界面,图 1.6 所示为用 SketchUp 做的茶室设计模型。

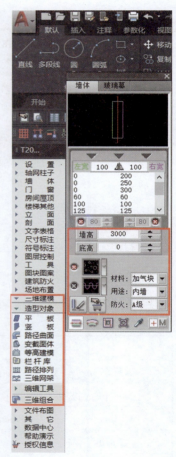

图 1.4　天正 3D 建模及参数化建模功能命令界面

从软件界面看,其命令操作简单,方便实现快速建模;其模型视图很有卡通画的风格,可以根据需要通过渲染插件,渲染出需要的可视化效果。而就可视化效果而言,3DMax(图 1.7)作为更加专业的 3D 建模软件,在模型细节处理、场景材质渲染和动画渲染等方面更胜一筹,也因此在很长一段时间里成为建筑设计效果图制作建模的主要软件。而 BIM 技术需要建筑设计的信息参数和 3D 模型效果都能呈现,针对这一点,目前建筑设计专业都会根据工作需要选择

Revit、ArchiCAD 等兼具平面制图和 3D 建模的软件。本书将会在后面的内容就 Revit 的操作作详细讲解。

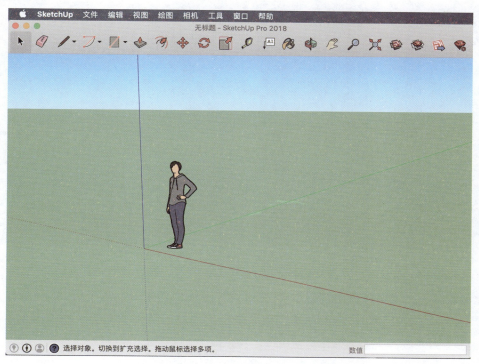

图 1.5　SketchUp2018 软件界面(Mac-OS 系统)

图 1.6　茶室设计学生作品(SketchUp 模型)

5

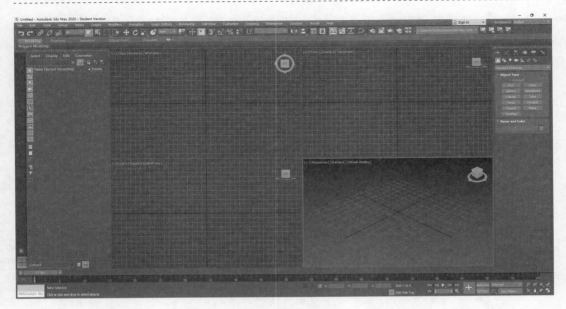

图 1.7　3DMax 软件界面（Windows 系统）

　　随着我国大力发展绿色建筑的步伐，建筑设计工作中还需开展若干可持续（绿建）分析，这部分工作在方案设计和初步设计阶段很多是由建筑设计师来承担的。应用的主要软件详见表 1.2。

表 1.2　常用可持续（绿建）分析软件

软件名称	研发公司	主要功能
Ecotect Analysis	Autodesk	能耗、水耗，日照、阴影
Green Building Studio		能耗、水资源、碳排放
AECOsim Energy simulator	Bentley	能耗
Hevacomp		光学
PKPM	建研科技	节能
EASE	APMG	声学
Radiance	LBNL	光学
IES	IES	日照、光照、温效

　　与建筑设计相关的其他专业也有一些常用的 BIM 软件（表 1.3），为了方便各专业之间协同作业，建筑设计人员应稍作了解。

表 1.3 相关专业常用 BIM 软件

软件名称	开发公司	适用专业
Revit	Autodesk	结构
Robot Structure Analysis		结构
MagiCAD	Progman Oy	机电
AECOsim Building Designer	Bentley	结构、机电
ProSteel		钢结构
Navigator		管理
Hevacomp		水力、风力
STAAD. Pro		结构
Tekla Structure	Trimble	钢结构
CATIA	Dassault System	结构、机电
Abaqus		结构
PKPM	建研科技	结构
YJK	盈建科	结构
HYBIMSPACE	鸿业	机电
ETABS	CSI	结构
MIDAS	MIDAS IT	结构
Fluent	ANSYS	风力
Flovent	Mentor Graphics	风力
ApacheHVAC	IES	暖通
ApacheSim		能耗

2）软件选择

BIM 是一个很大的概念,设计全过程周期中涉及的软件也很多,为设计工作者提供多样化及更加专业化工作条件的同时,也带来了一个问题,就是应该选择什么样的 BIM 设计软件。BIM 技术带来的是一种工作模式的变化,因此必须在工作开始之初就做好充分的论证,包括软件的使用。BIM 设计软件的选择主要考虑以下几个因素:

①需求:是否满足项目设计的需求。

②条件:指人员条件、设备条件、经济条件。

a. 人员条件。人员条件包含一线设计人员是否可以通过短期培训基于新软件技术开展生产。建筑设计工作最终需要输出符合要求的成果,必须"落地"、务实,盲目追求高深和新奇并不会带来好的结果。因此在软件的选择上,若能充分考虑与现有技术的关联性,会有利于新软件技术的推行和普及。相反,若软件造成大部分一线设计人员都无法在短时间内开展生产,就本末倒置了。

b.设备条件。决策人员需要充分考虑目前的设备能否支持新软件充分发挥作用。一部分 BIM 软件具有强大的网络交互功能,想要这些软件在工作中完全发挥作用,现有的工作模式就需要作出改变,这些改变很多时候需要硬件设施设备的支持。

c.经济条件。推行新的软件技术涉及软件购买、人员培训、技术支持、设备支持等诸多投入,若无足够的经济保障,新的软件技术很难发挥其作用。

③交互:选择的软件是否能够向下兼容低版本文件? 是否可与其他大多数的专业软件协同交互? 这些问题都决定选择软件的可行性。

做好 BIM 设计软件选择宜按以下步骤进行:

①调研及评估。全面考察和调研市场上现有的国内外 BIM 技术软件,结合本企业的业务需求、企业规模,初筛出可能适用的 BIM 软件工具。筛选条件可以包括 BIM 软件功能、本地化程度、市场占有率、数据交换能力、扩展选项、性价比、技术支持等。

②试点后推行。企业可抽调部分设计人员试点使用选定的 BIM 软件,开展测试。测试内容可包括:是否符合企业整体发展战略规划;是否可为企业带来收益;软件使用成本和投资回报率;设计人员的接受难易度等。

1.2.2 BIM 应用硬件和网络环境

BIM 技术建筑设计的硬件环境包括终端、服务器、网络及储存设备等。终端可以是台式计算机,也可以是笔记本电脑、平板电脑等移动设备。BIM 建筑设计应用硬件和网络的资金投入大多集中在初期,且对后期的整体应用影响较大。

然而,IT 技术发展极快,硬件资源的更新周期越来越短。在 BIM 硬件环境建设时,既要考虑 BIM 对硬件条件的适配性要求,也要考虑未来发展的需求,更要结合现实情况进行评估,既不能盲目追求高端,也不能过于保守,以免初期投入过大造成闲置浪费,或因资金投入不足而导致资源无法完全发挥作用。

设计企业应根据信息化发展大环境及 BIM 技术应用深度对硬件资源的要求进行整体考虑。在确定 BIM 应用的具体内容之后,结合已有资源,整体规划,建立满足及适应 BIM 需求的硬件资源,实现企业硬件资源的合理配置,在适用性和经济性之间找到最优的契合点,同时也为企业的中远期信息化发展奠定良好的硬件基础。

1)终端计算机配置方案

目前,以个人计算机终端配合服务器集中储存的硬件基础架构形式的应用较为普遍,也比较成熟。总体思路是个人计算机终端直接运行 BIM 软件,完成 BIM 建模、分析及计算等工作,再通过局域网络将工作成果存储在企业数据服务器上,供各终端计算机共享调用。这种架构形式技术简单、成熟,且可利用企业现有硬件和网络资源,与大多数设计企业现行的管理模式也不冲突。但这种架构还是存在以个体工作为主,交互和多端口协同作业较弱的问题。关于终端计算机的配置,可以通过所使用软件的官网查阅适用环境说明,了解软件的安装环境。表 1.4 所列的是几款主要软件的建议配置。

表 1.4　软件运行环境建议配置

	基本配置	标准配置	高级配置
AutoDesk 配置需求（以 Revit 2020 为例）	操作系统：Microsoft　Windows　10 64 位	操作系统：Microsoft Windows 10 64 位	操作系统：Microsoft Windows 10 64 位
	CPU：支持 SSE2 技术的单核或多核 Intel Xeon/i 系列处理器/AMD 同等级别处理器；建议尽可能使用高主频 CPU	CPU：支持 SSE2 技术的单核或多核 Intel Xeon/i 系列处理器/AMD 同等级别处理器；建议尽可能使用高主频 CPU	CPU：支持 SSE2 技术的单核或多核 Intel Xeon/i 系列处理器/AMD 同等级别处理器；建议尽可能使用高主频 CPU
	内存：8 GB RAM	内存：16 GB RAM	内存：32 GB　RAM 或以上
	显示器：1 280×1 024 真彩色显示器	显示器：1 680×1 050 真彩色显示器	显示器：1 920×1 200 真彩色显示器/4K 显示器
	基本显卡：支持 24 位色的显示适配器；高级显卡：支持 DirectX 11 和 Shader Model 3 的显卡	显卡：支持 DirectX11 和 Shader Model 5 的显卡	显卡：支持 DirectX11 和 Shader Model 5 的显卡
CaTIA（以 v 6R2019 配置需求为例）	同 Revit	同 Revit	同 Revit
CaTIA（以 v 6R2019 配置需求为例）	同 Revit	同 Revit	同 Revit
ArchiCAD	操作系统：Windows 10；MacOS 10.13 High Sierra 及以上版本	操作系统：Windows 10；MacOS 10.13 High Sierra 及以上版本	操作系统：Windows 10；MacOS 10.13 High Sierra 及以上版本

续表

	基本配置	标准配置	高级配置
ArchiCAD	CPU:2 核 64 位处理器	CPU:4 核 64 位处理器	CPU:4 核或更多核心的 64 位处理器
	内存:8 GB RAM	内存:16 GB RAM	内存:32 GB RAM 或以上
	显示器:1 440×900 真彩色显示器	显示器:1 920×1 080 真彩色显示器	显示器:4K 显示器
	显卡:兼容 OpenGL 3.2; 2 GB 以上显存	显卡:兼容 OpenGL 4.0;2 GB 以上显存	显卡:兼容 OpenGL 4.0; 4 GB 以上显存;4K 分辨率

2)服务器

企业自建数据服务器用于实现 BIM 资源的集中存储与交互。数据服务器及配套设施一般由数据服务器、存储设备等主要设备,以及安全保障、无故障运行、备份存储等辅助设备组成。服务器必须满足数据存储容量、数据吞吐能力、系统安全、运行稳定等要求。随着计算机科学的发展,云服务器比集中数据服务器的性能更优越。

3)BIM 技术云存储

随着硬件技术的发展,支持云计算的存储方案逐渐成熟,成为建筑设计工作的另一个选择。云计算技术是一个整体的 IT 解决方案,也是未来设计企业 IT 构架模式的发展方向。云存储方案的总体构想是设计应用程序可直接通过网络从云端获取所需的计算资源及服务。虽然这种服务模式并非适合所有的设计企业或个人,但对于大型设计企业,这种方式能够充分整合原有资源,减少新的硬件投入,节约资金。

随着云计算技术的快速普及,必将在未来形成对 BIM 应用的强大支持,成为企业应用 BIM 技术从事建筑设计的 IT 架构优化方案。

1.3 BIM 应用基本规则

1.3.1 BIM 资源管理

建立 BIM 模型的工作量较大,一般设计企业可通过积累建立自己的 BIM 资源库,并可重复调用。而建筑设计的 BIM 资源一般包含设计企业在 BIM 应用过程中自行开发、积累或加工处理,形成可重复利用的 BIM 模型、构件、样板、模板等。从较长周期来看,注重对 BIM 资源的开发和积累,可以较大程度地降低设计企业 BIM 技术应用的成本,同时也可促进 BIM 资源库的数据丰富和共享。

建筑设计的 BIM 资源库一般包含 BIM 模型库、BIM 构件库、BIM 户型库等。在以 CAD 软件为主的时期,设计人员或设计企业也会有自用的 CAD 图库用以辅助设计工作,而随着 BIM 技术的逐渐推广,拥有更多属性和信息的 BIM 资源库将会更能满足设计工作的需求,成为设计资源的核心组成部分。

BIM 资源相对于二维平面图块资源,信息量更大,文件也相对更复杂,故 BIM 资源管理的核心包括了两方面的工作,即 BIM 资源分类与编码、BIM 资源管理系统建设。

1)BIM 资源分类与编码

BIM 的全过程周期应用涵盖了建筑领域的全过程、全方位的信息,信息量庞大、内容复杂,因此单纯的线性分类无法满足 BIM 模型信息的组织需求。在遵循信息文件分类编码的基本原则基础上,不同设计企业可根据自身工作特点,整体规划编码逻辑原则;同时,为便于文件交流与共享以及协同工作,在分类方法和项目设置上,应尽量与相关国家及行业的分类标准保持一致。

2)BIM 资源管理系统建设

建立 BIM 资源库是为了更好、更高效地开展设计工作,因此保证资源库的质量是达到目的的前提。其中,资源库中素材的完整性和准确性是影响其质量的重要因素。一般来说,为控制企业 BIM 资源库的质量,需要成立专门的内部审核和管理团队,并开展以下两方面的工作:

(1)制订 BIM 资源标准

其目的主要是检验 BIM 模型及构件是否符合交付内容及深度要求,BIM 模型中应包含的内容是否完整,几何尺寸及信息是否正确等。各方面的判定都应有一个相对统一的标准。

(2)统筹规范 BIM 资源库更新工作

任何 BIM 资源的入库都应经过企业内部审核团队的技术校审,并形成企业制度,要求对申请入库的模型及构件先在本专业内进行初审,再提交 BIM 资源库管理团队进行终审及规范化操作处理。另外,核准入库的素材最好都由 BIM 资源库管理团队完成入库操作,入库通道的权限管理可以有效地避免资源库更新的不重、不漏、不错。

对 BIM 资源库内容严格把关的同时,也需要大量的素材基础支撑资源库的建设。企业可以根据自身情况,在资源库建设初期采取一定的激励措施,鼓励提交新的 BIM 模型及构件,鼓励提交正确完整的 BIM 素材,提高一线设计人员积极性,以保障 BIM 资源库的不断更新和完善。

资源库的建立只是实现了基础构建,想要高效地应用 BIM 资源库,须对 BIM 资源进行通用化、系列化、模块化整合处理,这就需要对同一类模型资源的属性、规律、特点进行整理、分析和研究,使之根据主要参数自动生成这类构件不同尺寸的模型。实现这样的资源调用程度,具体可按以下 3 个阶段工作进行:

①选择 BIM 资源对象构件的基本参数。

构件的基本参数是指向其基本性能或基本技术特征的标志性参数,是选择或确定对象构件功能范围、规格及尺寸的基本依据。选取、确定对象构件的基本参数项目是开展后续工作的前提,对于一类 BIM 标准构件,应根据构件自身特性,选取若干基本参数,并确定其上、下限。

②BIM 资源对象构件的基本参数系列化。

在选定一类 BIM 标准构件的基本参数之后,首先形成该类构件的参数系列,建立参数系列表;然后再增加其他信息,如类型名称、编码等。

③实现 BIM 资源对象构件的参数化建模。

基于基本参数,充分考虑各参数项目的变化可能对模型产生的影响,通过公式描述、计算其他几何参数,逐步完成构件模型的建立。之后对参数系列中的各项内容,结合模型造型,逐一检查。

1.3.2　BIM 模型深度

BIM 模型的深度须与模型应用密切联系,明确应用的目的和内容,确定合理的模型深度。一般情况下,BIM 模型的应用分为 3 个等级,其中建筑专业涉及的主要内容见表 1.5。

表 1.5　建筑设计 BIM 应用程度等级的应用选项与要求

应用程度等级	工作内容	应用选项与要求
一级	建筑专业模型创建	构建准确的建筑专业设计模型;检查并确保设计模型中视图表达统一性及专业设计的完整性、正确性;工作成果应包括交付模型及重点复杂部位三维视图
	性能分析	运用专业的性能分析软件,对建筑物的可视度、采光、通风、人员疏散、结构、能耗排放等进行模拟分析,以提高工程项目的性能、质量、安全和合理性;分别获得单项分析数据,综合各项结果调整模型,寻求建筑综合性能平衡点。根据分析结果,优化设计方案。 主要成果应包括: (1)满足该分析需求的设计模型; (2)模拟分析报告,包括图表及分析数据结果

续表

应用程度等级	工作内容	应用选项与要求
一级	模型虚拟仿真漫游	将专业设计模型赋予材质,以反映建筑项目实际场景情况。根据设定的视点和漫游路径,生成漫游视频文件;应反映建筑物整体布局、主要空间布置以及重要场所设置,以呈现设计表达意图;保存原始制作文件,以备后期的调整与修改;主要工作成果为动画视频文件
	主要指标和构件统计	统计建筑专业设计模型中面积,主材体积(面积)和门窗、电梯等重要构件数量
	模型楼层巡视	将设计模型与巡查管理系统对接,标识公共部位和重要目标部位
二级	各专业模型创建	构建各专业准确的设计模型;检查并确保专业模型中视图表达统一性及专业设计的完整性、正确性;各专业模型应拼装整合完整,没有差错;模型深度应满足标准规定;工作成果应包括整合完整的设计模型及重点复杂部位三维视图
	性能分析	同一级
	面积明细统计	检查建筑专业设计模型中建筑面积、房间面积信息的准确性,根据项目需求设置面积明细表模板,根据模板创建并命名面积明细表。根据设计需要,分别统计相应的面积指标,校验是否满足技术经济指标要求。面积明细表应与模型相关元素关联,随模型变更而更新
	碰撞检测及三维管线综合	整合所需的专业设计模型,形成整合的 BIM 模型。设定冲突检测及管线综合的基本原则,使用 BIM 软件等手段,发现并调整模型中的冲突和碰撞。 主要工作成果应包括调整后的各专业模型及冲突检测报告
	施工图设计	制订 BIM 设计模型出图标准、图纸目录及表达方式;通过二维剖切或二维为主、三维辅助表达的方式导出施工图,包括平面图、立面图、剖面图、门窗大样图、局部放大图等;二维施工图应添加相应的标识和标注,使之满足国家规定的施工图设计深度;对于局部复杂空间,宜增加三维视图辅助表达。复核图纸,确保其准确性。 主要工作成果应包括: (1)施工图设计模型; (2)施工图纸; (3)重点复杂部位三维视图
	模型虚拟仿真漫游	将专业设计模型赋予材质,以反映建筑项目实际场景情况;根据设定的视点和漫游路径,生成漫游视频文件;应反映建筑物整体布局、主要空间布置以及重要场所设置,以呈现设计表达意图;保存原始制作文件,以备后期的调整与修改;主要工作成果为动画视频文件

续表

应用程度等级	工作内容	应用选项与要求
三级	各专业模型创建	同二级
	性能分析	同二级
	面积明细统计	同二级
	碰撞检测及三维管线综合	同二级
	施工图设计	同二级
	模型虚拟仿真漫游	同二级

资料来源:浙江省住房和城乡建设厅,建筑信息模型(BIM)应用统一标准(DB33/T1154—2018),中国计划出版社,2018。

建筑工程 BIM 技术应用程度三级与二级的最大不同出现在运维虚拟仿真漫游、现场 3D 数据采集和集成以及设备设施运维管理等工作中。确定了模型的应用之后,便可规划模型深度。BIM 模型的深度首先关联其所包含的专业内容,越多专业参与到模型中来,模型越完善,深度也越深,见表 1.6。

表 1.6　建筑工程 BIM 模型的整体结构组成

| 阶段 | 建筑 | 结构 | 机电 | | | | 岩土设计 | 装饰 | 景观 | 幕墙 | 造价 | 勘察 | 其他分包 | 竣工模型 | 运维模型 |
			暖通	给排水	电气	智能化									
方案设计	√														
初步设计	√	√	√	√	√							√			
施工图设计	√	√	√	√	√	√	√	√	√	√	√	√	·		
深化设计	√	√	√	√	√	√	√	√	√	√	√		√		
施工	√	√	√	√	√	√	√	√	√	√	√		√		
运维														√	√

资料来源:浙江省住房和城乡建设厅,建筑信息模型(BIM)应用统一标准(DB33/T1154—2018),中国计划出版社,2018。

就建筑专业而言,BIM 模型的深度则指向模型细度(level of development,简称 LOD),即各 BIM 元素的组织及其几何信息和非几何信息的详细程度。不同的模型细度等级适宜建筑设计的不同阶段(表 1.7)。

表 1.7 各阶段 BIM 模型细度

各阶段模型名称	模型细度等级代号	形成阶段
方案设计模型	LOD100	方案设计阶段
初步设计模型	LOD200	初步设计阶段
施工图设计模型	LOD300	施工图设计阶段
深化设计模型	LOD350	深化设计阶段
施工过程模型	LOD400	施工实施阶段
竣工模型	LOD500	竣工验收

资料来源:浙江省住房和城乡建设厅,建筑信息模型(BIM)应用统一标准(DB33/T1154—2018),中国计划出版社,2018。

LOD 等级越高表示模型粒度越细。由于 BIM 模型在各阶段应用的侧重点不同,信息的来源及信息的可用性会有所变化,所以高等级的 LOD 细度模型不一定会涵盖低等级 LOD 细度模型的信息。例如,竣工验收模型不一定是要包含全部施工过程模型内容。在满足工程项目实际要求或 BIM 应用选项需求的前提下,宜采用较低的模型细度等级,以避免不必要的过度建模。

1.3.3 BIM 模型管理

1)模型调用

鉴于计算机硬件条件的局限性,多数情况下整个项目所有专业都使用单一模型的模式不太能实现,须拆分模型以方便调用。在建筑设计相关工作中,一般按专业图别来组织模型文件,包括建筑、结构、水暖电。下面以 Revit 为例进行介绍:

①一般建议单专业模型面积控制在 8 000 m² 以内,多专业(含水、暖、电专业)模型面积最好控制在 6 000 m² 以内,单个文件最大不超过 100 MB,具体的运算情况还直接取决于模型的复杂程度。随着软、硬件技术的不断发展,应该还可以支持更大、更快的计算。

②多专业协同作业,为了避免重复或协调工作错误,一般应明确每个数据部分的负责人,并形成相关记录。

③BIM 的优势之一是碰撞检查,如果一个项目中包含多个模型,最好考虑创建一个组合,便于专业协调和碰撞冲突检查时使用。

④基于建筑设计的水、暖、电专业可以采用两种工作模式——工作集模式和链接模式。前者是在同一模型中分别建模,各专业之间的协调更加直观;后者则是水、暖、电各专业分别建立各自的模型文件,再通过链接的方式进行专业协调。

2)文件命名与目录

一般情况下,基于 BIM 技术应用的建筑设计工作,参与人员较多,专业协调频繁,设计文件不再是局限于单人终端电脑里的一份本地文件。为便于各专业协调或多人同时作业,文件的命名宜遵循一个相对统一的规律。建议以下内容在命名时选择性使用:

①项目名称:对于一个大型项目,模型拆分后的文件众多,没有必要每个命名都带项目名称,只在整合的容器文件名中体现项目名称即可。

②区域:交代模型项目所在的地区、阶段或分区信息,不需要在每一个文件名中体现。

③描述:描述性的文字用于文件命名往往显得累赘,可选取关键词应用于文件名中。为保障文件调用的正确和高效,以下内容应明确体现在文件名中:

a. 专业:用于识别模型文件的建筑、结构、给排水、暖通空调、电气等专业属性。

b. 中心文件/本地文件:用于识别模型文件的位置属性,特别是使用工作集的模型文件,要求必须在文件名的末尾注明"-CENTRAL"或"-LOCAL"。

3)色彩

建筑专业是建筑设计的首个工作专业,在应用 BIM 技术开展模型绘制和建立过程中,宜采用默认颜色进行编辑;若发现问题构件,可使用红色进行标记。同时,建筑设计人员,需要了解与自身工作密切相关的水、暖、电模型系统设计工作。设备安装工程的模型中涉及大量的设备管线,在模型中外观相似,容易混淆,故模型中约定采用不同的颜色表示对应的设备管线内容。具体对应内容详见表 1.8。

表 1.8 BIM 模型色彩

图示内容	线型	CAD 颜色		RGB	BIM 颜色	RGB
生活给水	实线	3		0,255,0		同 CAD 颜色
生活废水	虚线	7		255,255,255		100,100,100
生活污水	虚线	7		255,255,255		60,60,60
生活热水	实线	6		255,0,255		同 CAD 颜色
雨水	实线	2		255,255,0		同 CAD 颜色
中水	实线	96		0,127,0		同 CAD 颜色
消火栓	实线	1		255,0,0		同 CAD 颜色
自动喷水	实线	40		255,191,0		同 CAD 颜色
冷却循环水	实线	5		0,0,255		同 CAD 颜色
气体灭火	实线	40		255,191,0		同 CAD 颜色
蒸汽	实线	40		255,191,0		同 CAD 颜色
送风管	实线	1		255,0,0		同 CAD 颜色
回风管	实线	2		255,255,0		同 CAD 颜色
新风管	实线	4		0,255,255		同 CAD 颜色

续表

图示内容	线型	CAD 颜色		RGB	BIM 颜色	RGB
排风管	实线	5		0,0,255		同 CAD 颜色
厨房排风管	实线	202		153,0,204		同 CAD 颜色
厨房补风管	实线	200		191,0,255		同 CAD 颜色
消防排烟管	实线	3		0,255,0		同 CAD 颜色
消防补风管	实线	6		255,0,255		同 CAD 颜色
楼梯间加压风管	实线	60		191,255,0		同 CAD 颜色
前室加压风管	实线	85		96,153,76		同 CAD 颜色
空调冷冻水供水管	实线	4		0,255,255		同 CAD 颜色
空调冷冻水回水管	虚线	4		0,255,255		0,153,153
空调冷凝水管	虚线	5		0,0,255		同 CAD 颜色
空调冷却水供水管	实线	6		255,0,255		同 CAD 颜色
空调冷却水回水管	虚线	6		255,0,255		153,0,153
采暖供水管	实线	1		255,0,0		同 CAD 颜色
采暖回水管	虚线	1		255,0,0		153,0,0
地热盘管	实线	1		255,0,0		同 CAD 颜色
蒸汽管	实线	4		0,255,255		同 CAD 颜色
凝结水管	虚线	5		0,0,255		同 CAD 颜色
补给水管/膨胀水管	实线	2		255,255,0		同 CAD 颜色
制冷剂管	实线	6		255,0,255		同 CAD 颜色
供燃油管	实线	4		0,255,255		同 CAD 颜色
燃气管	实线	6		255,0,255		同 CAD 颜色
通大气/放空管道	实线	2		255,255,0		同 CAD 颜色
压缩空气管	实线	150		0,127,255		同 CAD 颜色
乙炔管	实线	30		255,127,0		同 CAD 颜色
强桥架	实线	241		255,127,159		同 CAD 颜色
弱点桥架	实线	41		255,223,127		同 CAD 颜色

1.3.4　BIM 图纸形式

BIM 技术的建筑设计因在二维识图方面与国内现行的诸多制图标准还不尽相同,不能完全满足出图要求。例如:

①部分线型、文字、标注等与二维的建筑制图标准不一致；

②轴网、标高等不能控制其出图效果；

③软件自带的三维构件族生成平面图、立面图和剖面图时与二维制图标准中的图例不匹配，甚至对于一些 BIM 构件，不同企业生成的平、立、剖二维视图图例都不一致；

④在现行的 BIM 技术建筑设计的工作模式下，很难通过三维模型完成完全符合要求的总平面图出图。

综上，并不是所有的交付图纸都能由 BIM 软件直接生成，BIM 软件本身的优势也并不在此，这也是导致现阶段 BIM 建筑设计工作主要以翻模为主的原因之一。一般建模的原则是保证二维视图能够完整、准确、清晰地表达设计意图和具体设计内容，且控制模型规模在合理范围内。而应用 BIM 软件生成二维图纸须经过一定的筛选，一般可采取以下工作方式：

①发挥 BIM 软件优势，在方案设计阶段可采用 BIM 模型直接生成二维图纸出图，作为工作交流、协调等使用；若业主方同意，也可作为直接交付图纸供业主审阅。这样可以有效减少本阶段对图纸细节处理的工作量，提高出图效率，关键是能够保持模型与图纸的高度关联性，在后续的修改中保证图纸与模型信息一致。

②BIM 模型直接生成二维视图的重点可放在二维图纸正向绘制难度较大的剖面图、透视图等内容上，如此可有效提高图纸内容的准确度，避免二维图纸绘制时的常见错误，真正解决二维设计模式下存在的问题，体现 BIM 模型出图的关联性、准确性等价值。比如，在传统二维设计模式下出图，常存在剖面图数量不够，无法充分描述建筑物内部空间结构关系，为此，设计师在做施工图设计时，也采取过利用阶梯剖面图、局部剖面图等方法，尽量详尽展示建筑物内部复杂空间，然而这也为读图带来了更高的难度。在 BIM 模型环境下，就可以轻松生成指定位置的剖面图，且图示内容准确，与平面图、立面图关联度极高，在较大程度上减轻了设计师的工作量，提高了剖面图的正确率。尽管如此，剖面图的绘制还是要遵循相关制图规范，不能因为可以由 BIM 模型直接生成出图，就随便选择剖切位置，造成图示内容的重复和无效。

③可采取 BIM 模型正向设计结合二维优化出图的工作模式。BIM 模型出图的问题在施工图阶段最为严重。设计师可以先基于 BIM 模型完成专业协调、碰撞检查、修改等工作，待设计内容确认无误后，导出二维图纸到平面设计环境，再根据建筑工程相关制图要求进行补充和优化，以达到出图要求。这样既利用了 BIM 技术正向设计的优势，保障了各图别图纸内容的关联和正确，又契合了平面图纸的制图要求。

④对于 BIM 模型中局部难以直接二维出图的地方，在方案设计和初步设计阶段可配以文字注释；对于部分实在难以在 BIM 模型中出图的工作内容，继续采用二维制图的方式，需特别注意检查图纸内容与模型的对应关系。

1.4　建筑设计 BIM 应用方案

建筑设计工作是环环相扣、步步递进的，其程序一般按照方案设计、初步设计、施工图设计 3 个阶段进行;对于一些重大项目和复杂项目,一般在初步设计与施工图设计之间,还会开展专项的技术设计,也称为扩大初步设计。每一个阶段都有各自的任务,都应解决本阶段的问题,设计文件也应该具备该阶段应有的深度。合理的设计工作应该是在上阶段已经确定的设计内容框架下,开展本阶段设计,可以有变动,但不会轻易否定上阶段成果或产生较大差别,这一点在建设行政主管部门的项目报建备案政策上也是有所体现的。在 BIM 技术应用到建筑设计工作中之后,每一个阶段的设计有效性将更加重要。

各阶段软件配置方案需根据各个软件的功能优点以及与后阶段匹配度两个方面考虑。在方案设计阶段多选用一些可以快速生成模型方案、利于方案比选的软件,例如 SketchUp、ArchiCAD、Rhino、FormZ。越接近施工图阶段,越看重模型深度,则需要选择支持深度建模的软件,例如 Revit、ArchiCAD、CATIA,这些都是 BIM 建模的核心软件,平面出图可以配合天正建筑(AutoCAD)使用。而对于建模和出图之外的辅助性工作,一般各阶段选择的专业软件都相似,例如移动终端调用模型选用 BIMX、BIM360;模型碰撞检测一般采用 Navisworks;后期平面视觉效果处理选用 Adobe Photoshop;绘制分析图选用 Adobe Illustrator 等。

建筑可持续(绿建)分析工作需要根据前序建模工作软件进行选择,且各阶段大致相似。例如,若选择 Revit 建立 BIM 模型,则绿建分析可选用斯维尔、Green Building Studio、Ecotect、IES、PKPM 等;若选用 ArchiCAD 建立 BIM 模型,其自身内置了绿建分析功能,不用转换文件就可获得动态的能耗分析。

1.4.1　各阶段 BIM 应用方案

1)方案设计阶段

建筑方案设计是根据设计任务书而编制的设计文件。该阶段设计工作的主要任务是表达设计意图和创意、提出结构选型和建安初步解决方案、确定投资估算。建筑方案设计一般应包括总平面设计、建筑设计及其他专业的简要构想描述,如结构、给排水、电气、暖通空调等。其设计文件一般包括设计说明书、设计效果图、设计图纸和投资估算四部分,有时还会根据需要制作建筑方案模型或场地沙盘。基于 BIM 技术,方案设计阶段的工作流程有以下建议(图 1.8)。

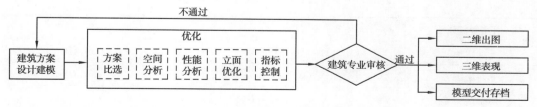

图 1.8　方案设计阶段工作流程

建筑专业方案审核的内容包括用地面积、尺寸、坐标是否符合核发用地界线图,尺寸和标准（退红线、建筑间距、道路宽度、建筑尺寸等），建筑密度、地块容积率、绿地率等指标以及建筑功能是否符合设计任务要求等。根据审核内容确定本阶段模型需要表达的内容为建筑平面功能划分、功能流线设计、防火分区划分、立面造型设计等，不需要过高细度的模型。模型展示场地、建筑外观、层数、高度、内外墙体、面积、建筑空间、主要技术经济指标等内容（见表1.9）。

表 1.9　方案设计阶段 BIM 模型深度要求

内容元素	模型信息
项目	地理区位、基本信息
场地	位置、尺寸、场地边界（红线、高程、朝向）、地形、建筑地坪、道路、绿化、广场、水体等
建筑	体量形状、位置、朝向、长度尺寸、层数、高度、基本功能、建筑空间、分隔构件、面积等
标注	长度、标高、坡向、坡度、建筑物名称、场地名称、房间功能（名称）等
主要技术经济指标	总建筑面积、总占地面积、建筑层数、建筑等级、容积率、密度、绿地率等

具体到建筑构件的深度要求见表1.10。

表 1.10　方案设计阶段模型建筑构件深度要求

对　象	深度信息
地面	轮廓、尺寸（不含厚）、位置
墙体	长、高、厚、位置
门、窗	洞口宽、高、位置
屋顶	轮廓、坡度
楼梯（坡道、台阶）	坡向、坡度、轮廓、主要尺寸、位置
栏杆、扶手	尺寸、轮廓、位置
散水、雨篷等	坡向、坡度、轮廓、主要尺寸、位置

本阶段建议使用软件方案见表1.11。

表 1.11　方案设计阶段 BIM 技术软件方案建议

工作内容	软　件	
三维建模	SketchUp、Rhino	ArchiCAD
平面出图	天正建筑（AutoCAD）	ArchiCAD
模型渲染	3D Max、Showcase、Lightscape、Vary	
漫游视频	Lumion、Adobe Premiere（视频编辑）	
可持续（绿建）分析	Ecotect、IES、PKPM、ArchiCAD	

工作内容	软　件
平面效果图	Adobe Photoshop
分析图	Adobe Illustrator

2）初步设计阶段

建筑初步设计的审核内容包括：是否符合相关工程建设强制性标准要求；是否满足国家和地方标准的设计深度要求；是否违背已经审核通过的消防方案设计；是否违背已审定备案的环评报告；是否符合消防、节能、人防等规范要求；技术的可靠性、经济合理性；是否符合人防设置要求；设计依据是否有效、恰当等。根据审核内容，建筑专业初步设计模型的任务是在方案设计模型的基础上进一步深化，提高模型信息的精细程度，内容主要包括主体建筑构件几何尺寸、定位信息，主要设施设备几何尺寸、定位信息，主要建筑细部几何尺寸、定位信息等（表1.12）。

表 1.12　初步设计阶段 BIM 模型内容

分　类	模型内容
建筑构件	楼地面、柱、外墙、幕墙、屋顶、内墙、门窗、楼梯、坡道、电梯、管井、吊顶等主要几何尺寸、位置
建筑设施	卫浴、部分家具、部分厨房设施等主要几何尺寸、位置
建筑细部	栏杆、扶手、装饰构件、功能性构件（防水防潮、保温隔热、隔声吸声）等主要几何尺寸、位置

具体到建筑构件的深度以及各专项设计要求见表1.13、表1.14。

表 1.13　初步设计阶段 BIM 模型深化要点

模型内容	深度信息
场地	景观、功能布置
楼地面	坡向、坡度、厚度、降板、洞口、材料
屋顶	厚度、边缘细部构造
楼梯（坡道、台阶）	边缘细部构造
栏杆、扶手	边缘细部构造

表 1.14　初步设计阶段 BIM 模型专项设计深度

模型内容	深度信息
防火设计	防火等级、防火分区、构件材料和构造要求等
节能设计	材料、物理性能、尺寸、做法等
无障碍设计	材料、物理性能、参数指标等
人防设计	材料、要求、参数指标等
门窗与幕墙	材料、物理性能、等级、构造工艺等
电梯等设备	设计参数、材料、构造、工艺要求等
安全防护、防盗设施	设计参数、材料、构造、工艺要求等
文字说明	采用新技术、新材料的做法、特殊建筑的构造

参考资料：李云贵,建筑工程设计 BIM 应用指南,中国建筑工业出版社,2017.5。

　　基于 BIM 技术的设计模式则是将施工图设计的部分工作提前到初步设计阶段处理,这加大了该阶段的工作量和工作难度,但保障了项目从设计创意到技术落地。工作内容和方式的改变,导致工作流程和数据流转方面会有明显的变化,带来的是设计质量的明显提升。建议应用 BIM 技术开展建筑初步设计的工作流程如图 1.9 所示。

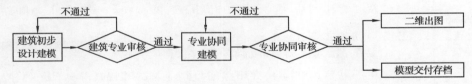

图 1.9　初步设计阶段工作流程

　　工作流程中的专业协同则是指在同一协同平台上进行设计,有效减少各专业间的"错、漏、碰"等问题,提升设计效率和设计质量。进入初步设计阶段,BIM 模型中的各专业都需深化到一定程度,专业协同工作量也随之增加。而专业协同审核则可以基于各专业 BIM 模型进行碰撞检查,通过模型链接或工作集等形式发现设计过程中专业间的冲突以及错漏。模型审核的反馈应包括图纸编号、模型截图、碰撞的专业、碰撞的位置坐标等必要信息。

　　本阶段建议使用软件方案见表 1.15。

表 1.15　初步设计阶段 BIM 技术软件方案建议

工作内容	软 件	
三维建模	Revit	ArchiCAD
模型碰撞	Navisworks	ArchiCAD
平面出图	Revit、天正建筑（AutoCAD）	ArchiCAD
模型渲染	Revit、ArchiCAD、3D Max、Showcase、Lightscape	

续表

工作内容	软 件	
漫游视频	Lumion、Adobe Premiere（视频编辑）	
可持续（绿建）分析	Ecotect、IES、PKPM	ArchiCAD
平面效果图	Adobe Photoshop	
分析图	Adobe Illustrator	

很明显，从方案设计到初步设计，工作内容更加精细化，SketchUp、Adobe Photoshop、Adobe Illustrator 等更偏向于视觉效果呈现的软件运用程度就会缩减。

3）施工图设计阶段

施工图设计是建筑设计的最后阶段，其成果具有法律效应。施工图设计阶段的主要任务是着重解决施工中的技术措施、工艺做法、用料等问题，为施工安装、工程预算、设备和配件的安装与制作等提供完整的图纸依据。施工图平面出图的内容主要包括图纸目录、设计总说明、建筑施工图、工程预算。此阶段 BIM 模型的内容重点是更加具体的几何尺寸，特别是建筑细部构造信息的进一步深化，除深化、补充各项细部尺寸标注以外，相对于初步设计阶段，其他主要深化内容见表 1.16。

表 1.16 施工图设计阶段 BIM 模型主要深化内容

模型内容	深度信息
场地	道路参数、材料
隐蔽工程	位置、尺寸、材料、构造、工艺要求等
预留孔洞	定位、尺寸、工艺要求等
细部构造	设计参数、材料、防火等级、工艺要求等
楼梯（坡道、台阶）	节点尺寸、材料、技术参数等
栏杆、扶手	节点尺寸、材料、技术参数等
散水、雨篷等	节点尺寸、材料、技术参数等
统计表	门窗、各类柱、各类梁等

而基于 BIM 技术的建筑施工图模型设计在满足以上需求的同时，还要充分考虑施工阶段对模型信息沿用因素，故部分工作会前移至该阶段完成。例如，主要建筑的装饰深化、主要构造和细部的深化、隐蔽工程与预留孔洞的几何尺寸和定位信息、细化技术经济指标的基础数据等。其工作开展情况如图 1.10 所示。

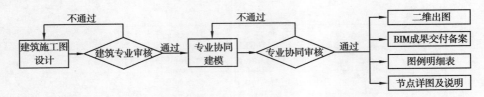

图 1.10　施工图设计阶段工作流程

本阶段建议使用软件方案见表 1.17。

表 1.17　施工图设计阶段 BIM 技术软件方案建议

工作内容	软件	
三维建模	Revit	ArchiCAD
模型碰撞	Navisworks	ArchiCAD
平面出图	Revit、天正建筑（AutoCAD）	ArchiCAD
专业协同	ProjectWise	ArchiCAD

1.4.2　软件应用方案

由各阶段常用软件方案建议可以看出，目前国内建筑设计常用的 BIM 应用软件主要有以 Revit 为核心的应用方案，和以 ArchiCAD 为核心的应用方案。

1）以 Revit 为核心的 BIM 应用方案

以 Autodesk Revit 为核心的 BIM 应用方案大致如图 1.11 所示。

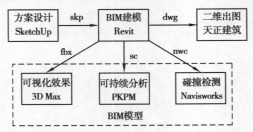

图 1.11　以 Revit 为核心的建筑设计 BIM 应用方案

根据这样的工作结构，各阶段软件配置建议见表 1.18。

表 1.18　以 Revit 为核心的 BIM 应用软件配置方案

工作内容	方案阶段	初步设计阶段	施工图设计阶段
设计建模	SketchUp	Revit	
可持续（绿建）分析	IES、Ecotect、PKPM、斯维尔		

续表

工作内容	方案阶段	初步设计阶段	施工图设计阶段
可视化	3D Max、Lumion		—
平面出图	Revit、天正建筑（AutoCAD）		
碰撞检测	—	Navisworks	
模型调阅	—	BIM 360	

（1）方案设计建模

SketchUp 由于操作简便且直观速成,成为目前设计企业方案阶段建模的主流软件,其建立的建筑设计模型数据可通过转换成 SKP、SAT 等格式导入 Revit 使用,如图 1.12、图 1.13、图 1.14 所示。

图 1.12　茶室设计学生作品 SketchUp 模型 1

图 1.13　茶室设计学生作品 SketchUp 模型 2

图 1.14　小学教学楼设计学生作品 SketchUp 模型

（2）初步设计、施工图设计建模

通过 Revit 软件正向建模，可直接实现方案阶段到施工图阶段的所有模型创建和维护。但 Revit 建模相对深入而耗时，在设计初期建议使用更加速成的建模软件或降低 BIM 模型细度。

（3）可视化

Revit 内置了 Accurender 渲染器，本身具有一定的可视化功能，想要更好的可视化效果，可以通过将 Revit 文件转换为 fbx 格式，导入 3D Max，调节渲染参数后渲染得到，或者生成漫游动画，用 Adobe Premiere 编辑视频后呈现。在模型渲染过程中可能还会用到 Lightscape 对三维模型进行精确的光照模拟，或者 Artlantis 对建筑室内外场景进行渲染。

（4）可持续（绿建）分析

Revit 模型可以转换成 dwg、gbXML 等格式或接口程序与 IES、Ecotect、斯维尔等绿建分析软件对接使用。

（5）施工图出图

Revit 本身可以直接生成二维图纸完成出图，还可以将文件转化为 dwg 格式，使用 Auto-CAD、天正建筑完善二维图纸之后再出图。

（6）碰撞检测

Revit 在建模过程中本身会有一些碰撞提醒，一般工作中会利用 NavisWorks 的实时漫游、碰撞检查等功能，可以检查各专业之间的冲突问题并协调解决。

2）以 ArchiCAD 为核心的 BIM 应用方案

ArchiCAD 是一款非常成熟且强大的软件，早在十多年前，国外很多地区就在广泛使用。该软件模型图纸同步生成，几乎可以参与建筑设计全周期的工作。以其为核心的 BIM 技术建筑设计软件方案如图 1.15 所示。

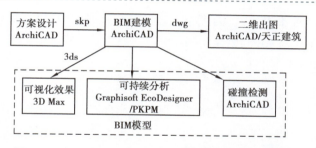

图 1.15 以 ArchiCAD 为核心的建筑设计 BIM 应用方案

根据应用方案,建议软件配置见表 1.19。

表 1.19 以 ArchiCAD 为核心的 BIM 应用软件配置方案

工作内容	方案阶段	初步设计阶段	施工图设计阶段
设计建模	ArchiCAD		
可持续(绿建)分析	ArchiCAD(Graphisoft EcoDesigner)、PKPM-ARCHICAD		
可视化	ArchiCAD、3D MAX		
二维出图	ArchiCAD、天正建筑(AutoCAD)		
碰撞检测	ArchiCAD		
模型调阅	BIMx		

由于 ArchiCAD 内置了各种功能插件,可用其完成全过程工作,也可根据不同的工作目标和设计阶段,将文件转换成不同格式,与其他 BIM 软件配合生成成果。

(1)设计建模

ArchiCAD 支持从建筑方案设计到施工图设计不同深度模型的创建与维护,其创建的模型视图效果如图 1.16 所示。在设计初期,SketchUp 等设计软件创建的模型文件数据可通过专业插件导入 ArchiCAD。

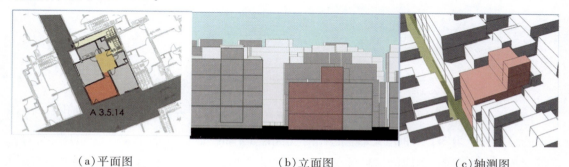

(a)平面图 (b)立面图 (c)轴测图

图 1.16 Nahr El Bared studio(KULeuven)项目居住建筑及街区分析 ArchiCAD 模型

(2)可持续(绿建)分析模拟

ArchiCAD 内置了能量评估功能,可直接从内部使用动态的计算引擎快速对方案进行能量评估,为设计提供能耗报告反馈,内容包括建筑结构能效、年度能耗、碳足迹及月度能量平衡等信息。另外,PKPM 与 ArchiCAD 共同推出了一款跨专业 BIM 产品 PKPM-ARCHICAD,可以与 PKPM 绿色建筑软件协同工作。

（3）可视化

ArchiCAD 本身可内置多款渲染插件,可视化功能良好,还支持将文件转换成 dwg、obj、3ds 格式,很多三维模型软件都可以读取,且 ArchiCAD 输出的 3ds 文件质量非常高,模型、材质完整。

（4）二维出图

ArchiCAD 本身具有类似于 AutoCAD 般强大的平面绘图功能,针对国内的制图规范和设计标准,可以将文件转换为 dwg 格式导入 AutoCAD、天正建筑中进行完善并完成出图。

（5）模型调阅

ArchiCAD 模型数据文件可以另存为 BIMx 文件,利用 BIMx 实时浏览 BIM 模型的虚拟漫游功能。BIMx 可在浏览时显示建筑、结构、材料及测量,且支持 Windows 和 Mac OS 操作系统,以及 Android 和 IOS(图 1.17)两类移动终端系统。

（6）碰撞检测

ArchiCAD 内置的碰撞检测和可实施性检测功能可使用 MEP 模块查找模型潜在矛盾,发现潜在错误和设计的薄弱环节,并可高亮显示碰撞构件,这使得设计师不必进行文件格式转换就能完成这部分工作。

图 1.17 IOS 系统 BIMx App 获取界面

1.4.3 BIM 成果表达方案

1）模型

建筑方案设计、初步设计和施工图设计 3 个阶段应该对应有各自合适深度的模型,以满足本阶段的呈现内容,从而达到论证的目的且保证工作的有效性(图 1.18)。BIM 模型的三维模型数据种类全面、立体,可以直接利用参数变化用模型动态展现设计效果。另外,利用模型还可以生成透视图、轴测图、各种剖视图等(图 1.19),根据内容目的的不同,三维模型可以最大限度地满足各种分析图的可视化呈现。

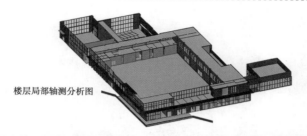

楼层局部轴测分析图

图 1.18　某学生活动中心施工图设计阶段模型

透视图

轴测图

剖切图

图 1.19　由模型直接呈现透视图、轴测图和剖切图

2）效果图

效果图是建筑设计最传统的可视化呈现方式。BIM 技术由于模型更加丰富,材料参数更加具体,从 BIM 模型导出渲染的效果图,可以有效避免失真或过度美化,最大程度还原建筑设计方案(图 1.20)。

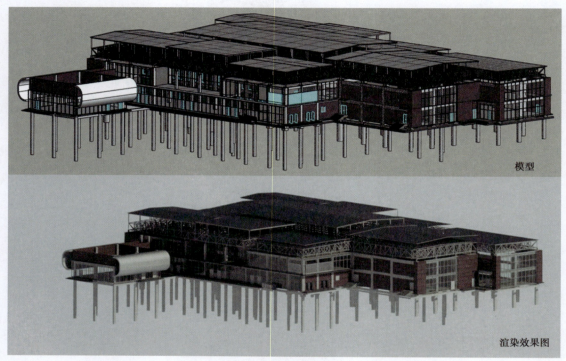

模型

渲染效果图

图 1.20　从模型直接渲染得到效果图

3）漫游动画

多数 BIM 设计软件都可以生成漫游动画,或者将 BIM 导入专业的动画可视化软件中制作高度逼真的漫游动画。结合 BIM 技术模型和虚拟现实技术,对设计方案进行虚拟现实展示,可用于空间设计评估(图 1.21)。一般情况下,BIM 设计软件本身制作动画的效果,在镜头移动和转换、光环境计算等方面并不是很理想,想要得到更好的漫游动画效果,需要使用 Lumion 这种镜头转换和光环境渲染效果更好的软件。但在这个过程中,模型中很多原有的材质属性可能会丢失,需要在新软件中重新设置。

图 1.21 某小学设计 VR 漫游视图

4）二维图纸

现阶段 BIM 模型生成的二维建筑设计图,特别是施工图,不能完全符合建筑工程制图标准,这也正是 BIM 技术在建筑设计应用中的主要弱点。BIM 模型生成二维图形的重点应该放在二维绘制难度较大的立面图、剖面图、屋顶平面图等方面,依靠模型本身的准确性表达二维投影图,凸显 BIM 技术的优势。

5）参数分析

BIM 模型可导入多种功能分析软件,用于日照分析、光环境分析、通风分析、声环境分析、热环境分析、能耗分析等各项建筑物理性能分析,确保模型源数据统一,避免数据冲突,且均可以报告形式交付。

1.5 建筑设计分析 BIM 应用

1.5.1 方案设计比选

1）基于 Revit 体量功能的方案优化设计

Revit 建模具有强大的参数化优势,但一般比较深入而费时,故不建议使用 Revit 模型进行方案设计比选。尽管如此,Revit 体量功能可以相对简化初期模型,适应方案设计比选的工作要求。Revit 体量功能主要用于方案设计阶段推敲建筑体量,通过形状工具创建简单几何形体。创建体量,再经过推敲决定之后,可以直接从表面生成墙体、楼板、屋顶和幕墙,从而将概念形体深化为建筑构件。生成建筑构件之后,构件的属性信息也随之生成,可以用于相关调用和统计。

2)基于 Rhino 的方案设计优化

Rhino 一直受到工业设计者的青睐,在建筑设计中的应用则显得非常小众。一方面是由于其插件较少,且专业通用性差;另一方面是由于其本身操作的参数化差,局部修改困难,一旦发生修改,多数情况须重新建模。但 Rhino 强大的 Nurbs 曲面建模功能是不容忽视的,多种以线构面的命令几乎能满足各种曲面的建模需求,且曲面连续性好,建模精准度高;对于复杂曲面建筑,Rhino 建模速度快,适合快速生成方案用于外形比选。

1.5.2 空间表现

"表现"又称为可视化,是英文 Visualization 的中文译意,指通过图像、动画或图表等展示和沟通信息的各种技巧。基于 BIM 技术的可视化表现,得益于信息完善的建筑模型,可以拥有更多可能性,不仅可以直接多角度观察三维视图和生成漫游动画,还可以将模型导入更专业的可视化软件中进行更加细化的材质和环境渲染以及动画效果,从而扩展视觉环境,更加全面地、有效地进行方案分析。主要的可视化表现与分析包括平面空间分析、竖向空间分析、视点空间分析等工作,都可以在 Revit、SketchUp、Rhino、ArchiCAD 等软件中实现。

1.5.3 参数化设计

参数化设计属于建筑设计 BIM 技术中的较高级的应用,本质上是将建筑设计问题转换为计算机逻辑问题。在参数化设计过程中,需要把主观的形象想象转换为理性逻辑思维,重新定义设计规则,依靠计算机运算得出设计结果。目前设计工作中,由于参数化设计难以整体折射出美学相关问题,故一般用于建筑设计辅助工作较多,例如通过调整局部变量和推敲造型、体量,从而修改实现设计意图。Revit 的最大优势就是其参数化功能强大;Rhino 本身做参数化调整比较困难,可以添加 Grasshopper 的编程插件实现设计分析。

1.5.4 建筑性能分析

建筑设计性能分析主要包含技术经济指标分析和建筑物理性能分析两个方面。

1)技术经济指标分析

建筑设计技术经济指标主要包含项目总用地面积、总建筑面积、容积率、绿地率、密度、各房间功能明细、工业化装配率等。在方案设计和初步设计阶段可应用 BIM 模型统计以上指标,辅助进行指标分析。

　2）建筑物理性能分析

　　将 BIM 模型导入专业分析软件,可以开展建筑物理相关分析,例如通风分析(室外风环境、室内空气质量)、光照分析、声环境分析、热环境分析、建筑能耗分析等。

　　(1)室外风环境模拟分析

　　室外风环境模拟分析主要内容包括室外环境风速和风压。风速主要针对城市高层建筑集中区域,自然风受到建筑物等阻挡而在局部区域产生强风的情况。风压分析主要是分析建筑物利用自然通风的情况,主要针对建筑物主体、阳台、窗体、分户模型等。分析工作根据建筑物的外形、结构形式、朝向、周围遮挡环境、建筑物外墙、幕墙或外围护结构进行,旨在通过分析进行方案调整,以优化建筑物外环境的空气流动及建筑自然通风情况。

　　(2)室内空气质量模拟分析

　　室内空气质量模拟分析的主要内容是空气在某一点的停留时间,空气没有得到更换的时间越长,说明空气的流通就越差,再经过计算模拟,可以得到空气龄分布图。该分析主要是针对建筑外墙、室内楼地板、屋顶,特别是门窗的设计调整而展开的。例如居住建筑项目可以根据分析所得的空气龄分布图,调整优化户型平面布局,提高单户通风性能;大型公共商业项目则可根据分析结果作出良好的自然通风设计,减少机械通风,降低能耗,同时合理布局机械通风空调设施,提高室内空间使用舒适度,从而提高建筑品质。

　　(3)光照模拟分析

　　光照模拟分析的内容主要包括日照与遮挡分析、室内照明分析两个方面。日照分析是建筑设计方案优化的重要工作之一,直接决定建筑间距;日照与遮挡分析主要针对遮挡建筑物和被遮挡建筑物作模型模拟分析,包括建筑主体、主体分层、建筑分户模型、阳台、屋面、窗体等。室内照明分析主要根据各楼层平面功能布置,对各房间的内外窗、墙、顶棚、区域内灯具照明进行模拟。

　　(4)声环境模拟分析

　　建筑声环境模拟分析主要针对项目外部环境的噪声进行模拟分析,原则上需要将项目周边短期内无法改变的现状环境,特别是较大的噪声源植入模型中进行模拟分析。通过模拟分析,可以得出受噪声影响较严重的方位和户型,辅助设计优化,例如局部采用双层玻璃、隔声墙体、吸声材料等构造做法,或者调整开窗方向以避免噪声直接传播入室内等措施。此外,还可结合环境分析综合考虑设计优化方案,如增加挡声墙、种植隔声效果较好的树木等,从而改善建筑外部噪声环境。

　　(5)热环境模拟分析

　　建筑热环境模拟分析主要包含项目区域温度分析和室内温度分析两个方面的工作。结合相关气候数据,模拟分析项目所在区域的热环境情况,再根据分析结果,调整设计方案。例如,调整建筑布局以得到更加优化的自然通风路线,或是增加绿化以降低局部区域温度等措施。而针对室内环境的温度分析,则可以在模型中加入建筑围护结构的热特征值,如导热系数、比热、热扩散率、热容量、密度等,系统通过计算可以得到建筑物冷热负荷,以及全年室内温度相关数据等,帮助全年室内温度分析,从而优化室内供暖和制冷系统设计,实现节能条件下更舒适的室内空间热环境。

(6)建筑能耗分析

建筑能耗分析主要是利用建筑信息模型和能耗模拟技术,对建筑物的物理性能及能量维持能力进行分析。对于新建建筑物,能耗模拟分析的主要内容是对建筑方案设计进行采暖及空调负荷等分析计算和优化,以达到符合负荷标准的节能建筑。对于已有建筑,可以通过分析判断其是否符合节能设计标准,若发现能耗较高的老旧建筑物,可进行相应的节能改造。

1.5.5 虚拟现实

虚拟现实(Virtual Reality,简称 VR),是一种给人沉浸式体验的可视化技术,也被称为计算机模拟现实。沉浸式的建筑设计可视化呈现为方案展示带来了更多样的视野和更丰富的内容。真正的 VR 环境应该涉及味觉、视觉、嗅觉、触觉、听觉等感官,能让用户完全沉浸在虚拟的世界中。

BIM 技术和虚拟现实技术结合,可以利用 BIM 模型支持 VR 视图,有效缩短制作周期,提高设计质量,节省设计资源。BIM 模型在建模软件里,本身就可以生成一定效果的漫游动画,还可以导入 3DMax、SketchUp、Lumion、Naviswork、Fuzor 等软件制作更加精良的虚拟现实动画。

课后练习

请完成以下单项选择题:

1. 关于 BIM 的描述下列正确的是(　　　)。

　　A. 建筑信息模型　　　　B. 建筑数据模型　　　　C. 建筑信息模型化　　　　D. 建筑参数模型

2. 下列无法完成建模工作的软件是(　　　)。

　　A. Tekla　　　　　　　B. MagiCAD　　　　　　C. ProjectWise　　　　　　D. Revit

3. 下列选项中不属于当前国内 BIM 市场主要特征的是(　　　)。

　　A. BIM 技术应用成熟　　　　　　　　B. 涉及项目的实战经验较少

　　C. BIM 技术应用覆盖面较窄　　　　　D. 缺少专业的 BIM 工程师

4. 下列对 BIM 的含义理解不正确的是(　　　)。

　　A. BIM 是以三维数字技术为基础且集成了建筑工程项目各种相关信息的工程数据模型,是对工程项目设施实体与功能特性的数字化表达

B. BIM 是一个完善的信息模型,能够连接建筑项目生命期不同阶段的数据、过程和资源,是对工程对象的完整描述,其提供的可自动计算、查询、组合拆分的实时工程数据,可被建设项目各参与方普遍使用

C. BIM 是一种仅限于三维的模型信息集成技术,可以使各参与方在项目从概念产生到完全拆除的整个生命周期内都能够在模型中操作信息和在信息中操作模型

D. BIM 具有单一工程数据源,可解决分布式、异构工程数据之间的一致性和全局共享问题,支持建设项目全生命周期中动态的工程信息创建、管理和共享,是项目实时的共享数据平台

5. BIM 实施阶段中技术资源配置主要包括硬件配置及(　　　)。

    A. 人员配置　　　　B. 软件配置　　　　C. 资金筹备　　　　D. 数据准备

6. 下面不是三维协同设计的优势的是(　　　)。

    A. 设计效率增加　　B. 多专业协同　　　C. 便于变更设计　　D. 增加设计成本

7. 下列属于 BIM 技术的是(　　　)。

    A. GIS　　　　　　B. 二维码　　　　　C. 4D 进度管理系统　D. 三维激光扫描成像

8. 根据一般电脑配置要求分析,多专业模型面积宜控制在(　　　)内,单个文件不大于 100 MB。

    A. 3 000 m²　　　　B. 5 000 m²　　　　C. 6 000 m²　　　　D. 8 000 m²

9. 国际上通常将 BIM 的模型深度称为(　　　)。

    A. LOD　　　　　　B. LCD　　　　　　C. LDD　　　　　　D. LED

10. 下列选项中关于 BIM 在设计阶段中的应用说法不正确的是(　　　)。

    A. 通过创建 BIM 模型,能够更好地表达设计意图,突出设计效果,满足业主需求

    B. 利用模型进行专业协同设计,可减少设计错误,如通过碰撞检查,可以把类似空间障碍等问题消灭在出图之前

    C. 利用模型可进行直观的"预施工",预知施工难点,从而更大程度地消除施工的不确定性和不可预见性

    D. 基于三维模型的设计信息传递和交换将更加直观有效,有利于各方可视化会审和专业协同

11. 下列选项中能利用 BIM 模型的信息对项目进行日照、风环境、热工、景观可视度、噪声等方面的分析的是(　　　)。

    A. BIM 核心建模软件　　　　　　　　B. BIM 可持续(绿色)分析软件
    C. BIM 深化设计软件　　　　　　　　C. BIM 结构分析软件

12. 建筑工程设计一般分为初步设计和(　　　)。

    A. 再次设计　　　　B. 详细设计　　　　C. 施工图设计　　　D. 机械设计

13. 在建筑总平面图中,待拆除建筑物的图例是( )。

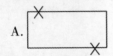

A.   B.   C.   D.

14. LOD 被定义为 5 个等级,其中( )等同于方案设计或扩初设计,此阶段的模型包含普遍性系统包括大致的数量、大小、形状、位置以及方向。

    A. LOD100   B. LOD200   C. LOD300   D. LOD400

参考答案:ACACB DCCAC BCAB

模块 2　Revit 族建模

Revit 族是某一类别中图元的类,是根据参数(属性)集的共用、使用上的相同和图形表示的相似来对图元进行的分组。一个族中不同图元的部分或全部属性可能有不同的值,但属性的设置是相同的。"族"是 Revit 中使用的一个功能强大的概念,有助于更轻松地管理数据和进行修改。每个族图元能够在其中定义多种类型,根据族创建者的设计,每种类型可以具有不同的尺寸、形状、材质设置或者其他参数变量。

Autodesk Revit 中族有系统族、可载入族、内建族 3 种类型。

1)系统族

系统族是在 Autodesk Revit 中预定义的族,包含基本建筑构件,如墙、窗和门。例如,基本墙系统族包含定义内墙、外墙、基本墙、常规墙和隔断墙样式的墙类型。可以复制和修改现有系统族,但不能创建新系统族;可以通过指定新参数定义新的族类型。

2)可载入族

可载入族具有高度可自定义的特征,可通过族样板文件创建,保存成 rfa 格式的族文件;可以载入项目中使用,也可以从项目文件中单独保存出来重复使用。

（1）载入可载入族

单击"插入"选项卡,在"从库中载入"面板中单击"载入族"按钮,系统将打开"载入族"对话框,在对话框中双击要载入的族的类别,然后选择要载入的族,并单击"打开"按钮,即可将该族类型放置在项目中,且将其显示在项目浏览器中相应的族类别下。

（2）创建可载入族

需要创建的可载入族是建筑设计中使用的标准尺寸和配置的常见构件和符号。要创建可载入族,可以使用 Revit 中提供的族样板来定义族的几何图形和尺寸,然后将族保存为单独的 rfa 格式文件,便载入任何项目中。

3)内建族

内建族可以是特定项目中的模型构件,也可以是注释构件。内建族只能在当前项目中创建,仅可用于该项目特定的对象,如自定义墙的处理。创建内建族时,可以选择类别,且使用的类别将决定构件在项目中的外观和显示控制。

任务 2　绘制屋顶

任务清单

1. 练习"迹线屋顶"命令的使用,创建平屋顶,修改材质及厚度。

2. 练习"迹线屋顶"命令的使用,创建坡屋顶,修改材质及厚度,设置坡度分别为 30°、45°等,观察建模的区别。

3. 独立完成课后建模习题,生成屋顶模型文件,并保存在文件夹中。

2.1　创建平屋顶

平屋顶结构简单、施工方便、节约材料,屋面可供多种利用,如设露台屋顶花园、屋顶游泳池等。平屋顶也有排水坡度,其排水坡度小于 5%,最常用的排水坡度为 2% ~ 3%。在 Revit 软件中,平屋顶的三维建模可采用 0% 的坡度,出图时在平面图上将排水坡度标注即可,具体操作如下:

先在"立面"建立需要的楼层标高,双击对应标高的"楼层平面"。本例选用默认"建筑样板"的"楼层平面:标高 2"。

单击"建筑"选项卡"构建"面板中的"屋顶"中的"屋顶:迹线屋顶"工具,在"属性"面板"编辑类型"中找到"基本屋顶:常规 - 400 mm",复制成"常规 - 200 mm",单击"确定"按钮,如图 2.1 所示。

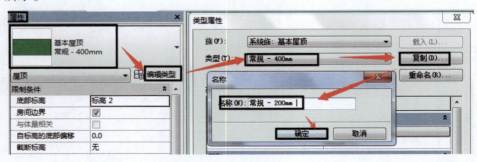

图 2.1　屋顶类型属性

在类型属性中找到"结构:编辑"进入"编辑部件"命令,点击"材质",选择复制生成"钢筋混凝土 C30",厚度改为"200",如图 2.2 所示。

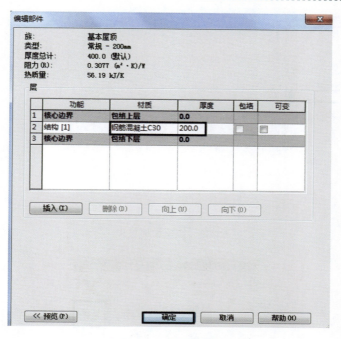

图 2.2　编辑屋顶参数

在"楼层平面:标高 2"上绘制平屋顶,选用"修改│创建屋顶迹线"中"绘制:边界线",选用矩形绘制长 16 000 mm,宽 7 000 mm 的屋顶边界线,如图 2.3 所示。绘制完成后,单击矩形屋顶任意一边,将左侧"属性:定义屋顶坡度"的框中"√"去掉,顺序将 4 个边均如此操作,如图 2.4 所示。修改坡度定义后,单击菜单栏中"模式"的绿色"√",如图 2.5 所示,确定屋顶迹线,即生成平屋顶,如图 2.6 所示。

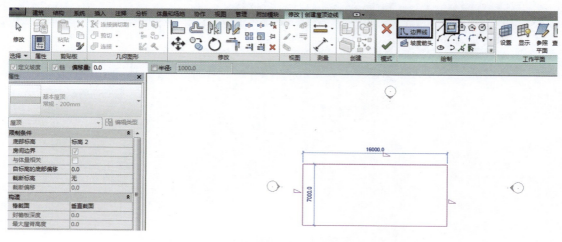

图 2.3　绘制屋顶边界线

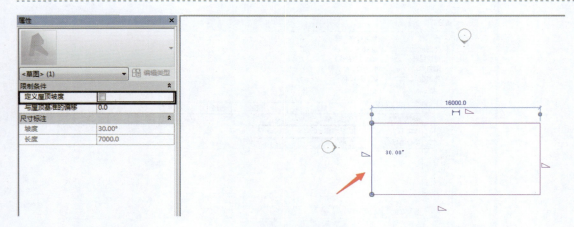

图 2.4　定义屋面坡度

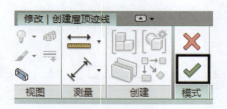

图 2.5　确定屋顶迹线

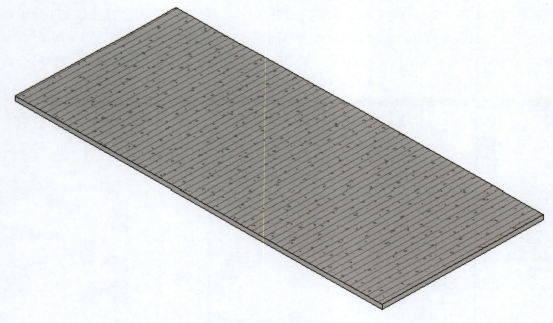

图 2.6　平屋顶三维图

2.2　创建坡屋顶

坡屋顶是指屋面坡度大于 10% 的屋顶。坡屋顶在我国有悠久的历史,运用广泛,即使是现代建筑,也时常为了景观环境或建筑风貌采用坡屋顶。坡屋顶的常见形式有单坡屋顶、双坡屋顶和四坡顶。中国古建筑常有硬山屋顶、悬山屋顶、歇山顶、庑殿顶和攒尖顶等。下面以四坡屋顶为例介绍绘制方法。坡屋顶的绘制与平屋顶的绘制既有相似又有区别之处。

依照创建平屋顶步骤,先在"立面"建立需要的楼层标高,双击对应标高的"楼层平面"。本例选用默认"建筑样板"的"楼层平面:标高 2"。

单击"建筑"选项卡"构建"面板中的"屋顶"中的"屋顶:迹线屋顶"工具,在"属性"面板单击"编辑类型"进入类型属性,选择"系统族:玻璃斜窗","类型参数"如图 2.7 所示进行修改,单击"确定"按钮。

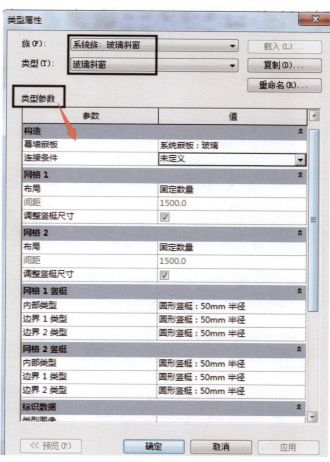

图 2.7　玻璃斜窗类型属性

在"楼层平面:标高 2"上绘制坡屋顶,选用"修改│创建屋顶迹线"中"绘制:边界线",选用矩形绘制长 16 000 mm,宽 7 000 mm 的屋顶。绘制完成后,单击矩形屋顶任意一边,单击菜单栏中"模式"的"√",即生成玻璃斜窗坡屋顶,如图 2.8 所示。

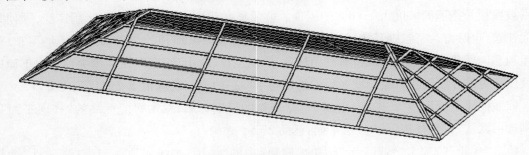

图 2.8　玻璃斜窗三维图

课后练习

根据图 2.9 的平面图、立面图绘制屋顶,屋顶板厚均为 400 mm,其他建模尺寸可参考平、立面图自定,成果以"屋顶"为名保存文件。

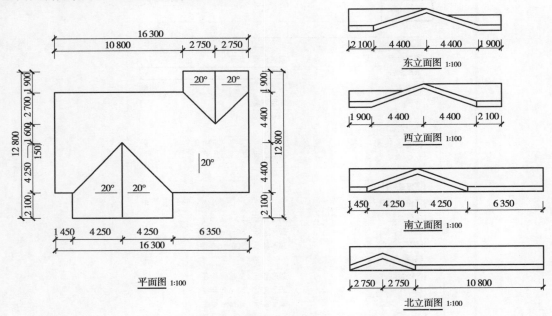

图 2.9　屋顶平面图、立面图

任务3　绘制幕墙

任务清单

1. 练习"建筑—墙—墙建筑—幕墙"命令的使用,创建幕墙类别。

2. 练习生成网格和竖梃,插入门窗嵌板。

3. 独立完成课后建模习题,生成幕墙模型文件,并保存在文件夹中。

3.1　创建幕墙

打开 Revit 软件,选择"新建—项目"。

单击"建筑"选项卡"构建"面板中的"墙"中的"墙:建筑"工具,在"属性"面板构件类型下拉菜单中找到"幕墙",单击"属性"面板中的"编辑类型",打开"类型属性"窗口,单击"复制"按钮,弹出"名称"窗口,输入"M-幕墙",单击"确定"关闭窗口。将"自动嵌入"勾选,设置"垂直网格"中"布局-固定数量"默认距离"1 500",单击"确定"按钮,退出"类型属性"窗口。幕墙类型属性如图3.1 所示。

注:软件中输入数值"1 500"后自动显示为"1 500.0",为了介绍时更简洁、直观,以下叙述均未带小数点后的"0"。

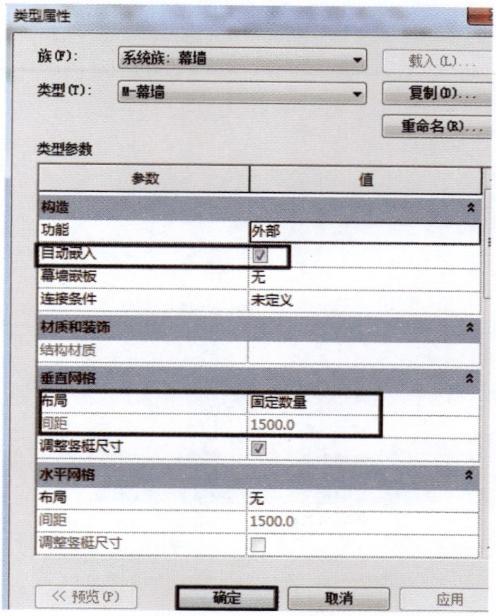

图 3.1　幕墙类型属性

在"M-幕墙"的"属性"面板中设置"底部约束"为"1F","底部偏移"为"0","顶部约束"为"直到标高:1F","顶部偏移"为"4 000"。幕墙属性限制条件如图 3.2 所示。

图 3.2　幕墙属性限制条件

在墙体合适位置绘制 7 000 mm 长度的"M-幕墙",如图 3.3 所示,切换至三维状态,调整前视图,选择该幕墙,单击选择"临时隐藏/隔离"中的"隔离图元"命令,如图 3.4 所示。三维图形显示如图 3.5 所示。

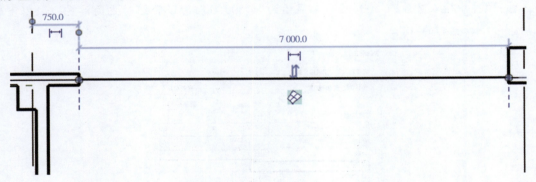

图 3.3　插入幕墙

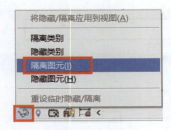

图 3.4　隔离图元

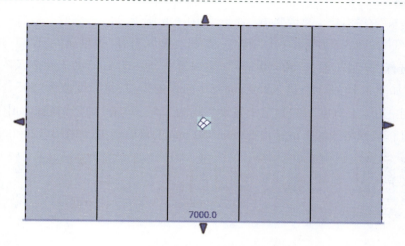

图 3.5　幕墙三维图

3.2　创建幕墙网格和竖梃

选择"建筑"的"构建 | 幕墙网格"命令,如图 3.6 所示,绘制水平网格,分上、下空间为"1 200"和"2 800",如图 3.7 所示。

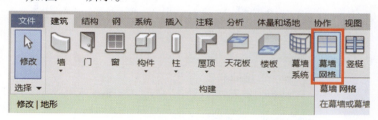

图 3.6　幕墙网格

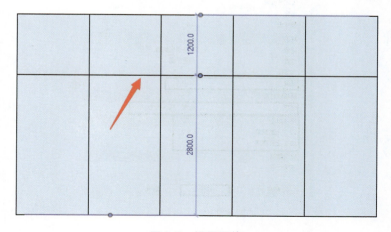

图 3.7　设置网格

选择"建筑"的"构建丨幕墙竖梃"命令,如图 3.8 所示,进入"修改丨放置竖梃"命令,选择"全部网格线"如图 3.9 所示;单击"属性—编辑类型",打开"类型属性"窗口,选择"矩形竖梃"族类别,选择"复制",输入"50×50 mm"(实例图中"50×50 mm"的表示方式不准确),单击"确定"按钮,如图 3.10 所示。进入"50 mm×50 mm"的窗口,将厚度改为"50",检查确认"材质""尺寸标注-边 1 上宽度"和"边 2 上宽度"均为"25",单击"确定"按钮,如图 3.11 所示。然后单击三维幕墙网格线即生成矩形 50 mm×50 mm 的幕墙竖梃,如图 3.12 和图 3.13 所示。

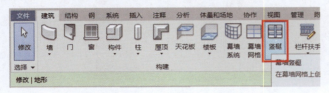

图 3.8 竖梃

图 3.9 全部网格线

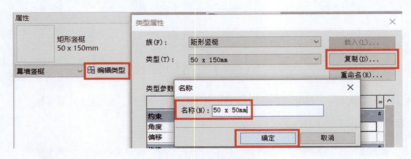

图 3.10 网格类型

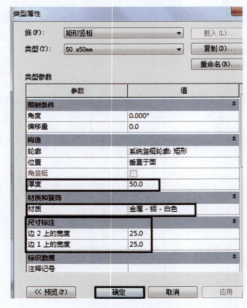

图 3.11 网格参数

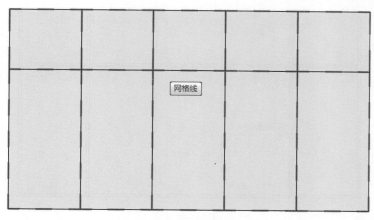

图 3.12　选择网格线

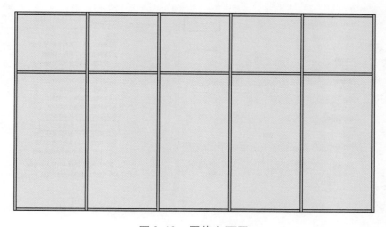

图 3.13　网格立面图

3.3　插入门窗嵌板

按 Esc 键退出幕墙竖梃命令,单击左下方任一竖梃,切换 Tab 键,选择至左下方幕墙,单击鼠标左键,如图 3.14 所示。进入"系统嵌板"属性窗口,单击"编辑类型",打开"类型属性"窗口,单击"载入",选择"建筑/幕墙/门窗嵌板/门嵌板 50—70 双嵌板铝门",单击"打开",选择"50 系列无横档",单击"确认"按钮,如图 3.15 所示。以此方法建立其他幕墙门,最后三维模型如图 3.16 所示,并单击"保存"按钮。

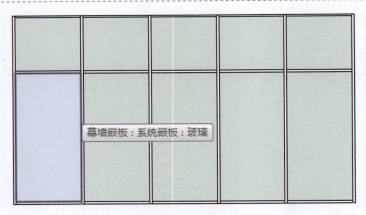

图 3.14　选择幕墙嵌板

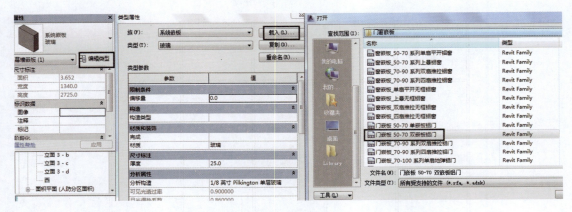

图 3.15　载入嵌板

图 3.16　幕墙三维图

课后练习

　　根据图 3.17 给定的北立面和东立面,创建玻璃幕墙及其水平竖梃模型。请将模型文件以"幕墙.rvt"为文件名保存。

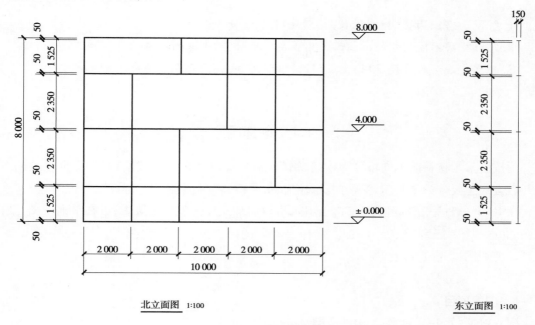

图 3.17　幕墙立面图

任务4　绘制门窗

任务清单

1. 练习"建筑:门窗"命令的使用,创建门、窗类别。

2. 练习生成不同尺寸的门、窗,并生成类型标记,插入准确墙体位置。

3. 独立完成课后建模习题,生成门、窗模型文件,并保存在文件夹中。

4.1　创建门

门按所采用材料的不同可分为木门、钢门、铝合金门、塑钢门、玻璃钢门、无框玻璃门等;按开启方式主要分为平开门、弹簧门、推拉门、折叠门、转门、上翻门、升降门、卷帘门等。

在 Revit 软件中,门是基于主体的构件,可以添加到任何类型的墙内,可在平面视图、剖面视图、立面视图或三维视图中添加。选择要添加的门类型,然后指定门在墙上的位置,Revit 将自动剪切洞口并放置门。

4.1.1　创建项目

建立普通门 M-1 和 M-2 构件类型。

在"项目浏览器"中展开"楼层平面"视图类别,双击"1F"视图名称,进入"1F 楼层平面"视图。单击"建筑"选项卡"构建"面板中的"门"工具,单击"属性"面板中的"编辑类型",打开"类型属性"窗口,单击"载入"按钮,弹出"打开"窗口,找到提供的"China/建筑/门/普通门/平开门/双扇/双扇嵌板连窗玻璃门2"文件夹,单击"打开"命令,如图 4.1 所示。在"类型属性"窗口中,自动更新出新载入的"族"和"类型"。单击"复制"按钮,弹出"名称"窗口,输入"M1",单击"确定"按钮关闭窗口。根据建筑施工图中"门窗表及门窗详图"的信息,分别在"高度"位置输入"2 400","宽度"位置输入"3 000",如图 4.2 所示。"类型标记"改为"M1",单击"确定"按钮,如图 4.3 所示。退出"类型属性"窗口,完成"M1"的绘制。用同一个族类型生成"M2",分别在"高度"位置输入"2 400","宽度"位置输入"2 800",如图 4.4 所示。

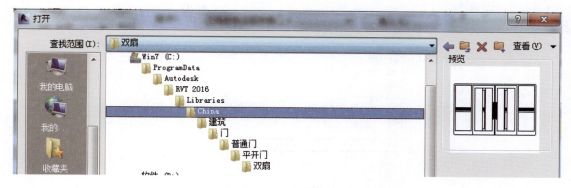

图 4.1　选择门型

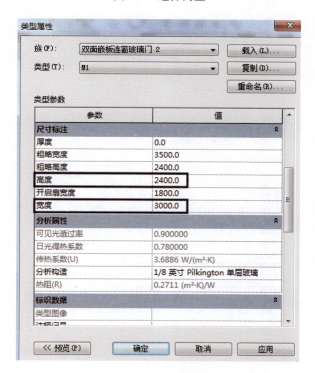

图 4.2　M1 类型属性

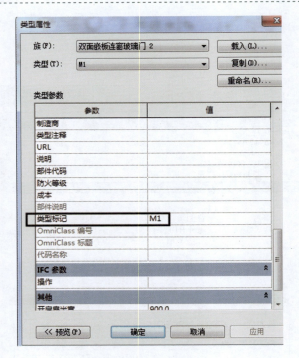

图 4.3　M1 类型标记

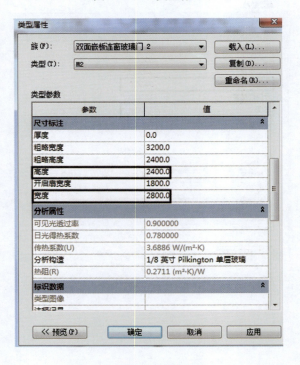

图 4.4　M2 类型属性

4.1.2　布置门

构件定义完成后,按图进行门的布置。

首先点击平面空白位置,设置"楼层平面/属性/视图范围/顶"为"2000",如图4.5 所示。

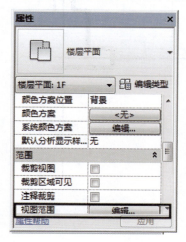

图 4.5　调整视图深度

在"属性"面板中找到 M1,Revit 软件自动切换至"修改|放置门"上下文选项卡,激活"标记"面板中"在放置时进行标记"工具,"属性"面板中"底高度"设置为"0",适当放大视图,移动鼠标定位在1—3轴线与 A 轴线墙位置,墙方向显示门预览,并在门两侧与1—3 轴线间显示临时尺寸标注,指示门边与轴线的距离。鼠标指针在靠近墙中心线上侧、下侧移动,如图4.6 所示。

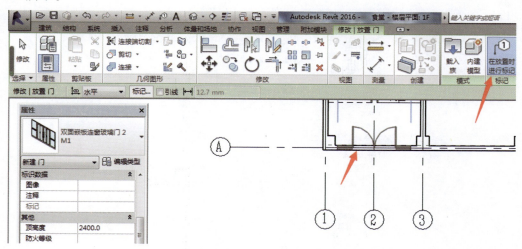

图 4.6　标记门

单击门图示,有上下左右箭头,单击箭头可以改变门的开启方向。门两侧有临时尺寸标注,拖动蓝色小圆点至 1 和 3 轴线,并输入尺寸数字"500",如图 4.7 所示进行操作。再点击空白位置,即为完成 M1 的插入。

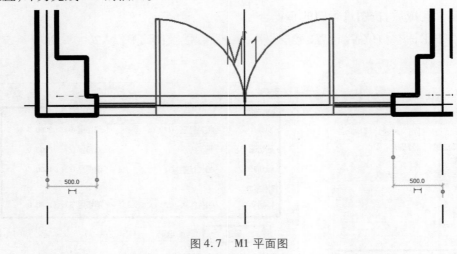

图 4.7　M1 平面图

按照上述操作方法,将首层 M1 的图元布置完成。

4.1.3　修改门标记

使用同样的方法,在"属性"面板中找到 M2,激活"标记"面板中"在放置时进行标记"工具,"属性"面板中"底高度"设置为"0",根据"1F 建筑施工图"布置 M2,调整两侧临时尺寸标注的尺寸数字为"500",如图 4.8 所示。由于门标记字头方向应当朝左,先点击空白位置放弃对门的选择,然后单击"M2"门标记,左侧出现"标记-门"属性栏,单击"水平",调整为"垂直,如图 4.9 所示。

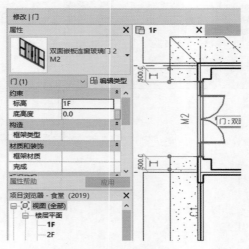

图 4.8　M2 平面图

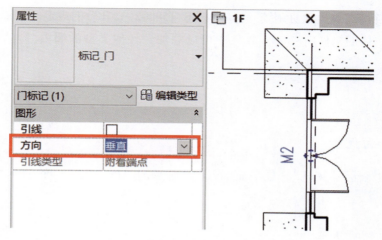

图 4.9　标记 M2

4.1.4　创建其他门构件

M1、M2 创建完成后,开始建立 M3 和 M4 构件类型。使用幕墙建立 M3 和 M4 构件。

1)建立 FHM 构件

FHM1 为单扇防火门,FHM2 为双扇防火门。首先建立 FHM1 与 FHM2 构件类型。单击"建筑"选项卡"构建"面板中"门"工具,在"属性"面板中找到"编辑类型",进入"类型属性",单击"载入"打开"China"对话框,选择"消防/建筑/防火门/单扇防火门",单击"打开",修改"高度"和"宽度"。

根据"1F 平面图布置" FHM1 和 FHM2 构件,布置完成后,单击"快速访问栏"中保存按钮,保存当前项目成果。

2)创建 2F 平面门

激活"2F"楼层平面视图,按照 1F 楼层平面布置门的方式进行 2F 门的布置,也可以用"过滤器"工具快速选择 1F 的"幕墙嵌板、幕墙网格、门、门标记"构件,然后使用"复制到剪贴板、粘贴、与选定的标高对齐",选择"2F",快速进行 2F 门的布置。布置之后单击"快速访问栏"中"保存"按钮,保存当前成果。

4.2　创建窗

窗按使用材料分为木窗、金属窗、塑钢窗、玻璃钢窗等;按开启方式可分为平开窗、悬窗、固定窗、立转窗、推拉窗等。窗的尺寸主要取决于房间的采光通风、构造做法和建筑造型等要求,并应符合现行《建筑模数协调统一标准》(GB/T50002—2013)的规定。

窗是基于主体的构件,在 Revit 软件中可以添加到任何类型的墙内,窗的插入方法与门类似。

4.2.1　创建窗类型

1)打开平面视图

在"项目浏览器"中展开"楼层平面"视图类别,双击"1F"视图名称,进入"1F"楼层平面视图。

2)建立窗构件类型

单击"建筑"选项卡"构建"面板中的"窗"工具,单击"属性"面板中的"编辑类型",打开"类型属性"窗口,单击"载入"按钮 ,弹出"打开"窗口,找到提供的"建筑/窗/普通窗/平开窗/双扇平开-带贴面"文件夹。单击"双扇平开-带贴面",再单击"打开"命令,载入"窗"族到食堂项目中,如图 4.10 所示。

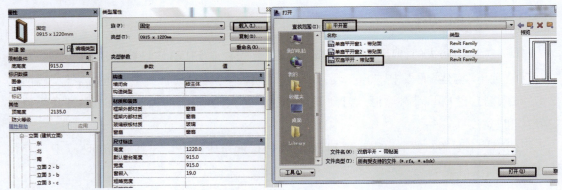

图 4.10　窗属性

"类型属性"窗口中,自动更新出新载入的"族"和"类型"。单击"复制"按钮,弹出"名称"窗口,输入名称,单击"确定"按钮关闭窗口。根据建筑施工图中"门窗表及门窗详图"的信息,分别在"高度"位置输入"2 200","宽度"位置输入"2 200","默认窗台高度"改为"1 000"。"类型标记"改为"C1",如图 4.11 和图 4.12 所示。单击"确定"按钮,退出"类型属性"窗口,完成"C1"的绘制。

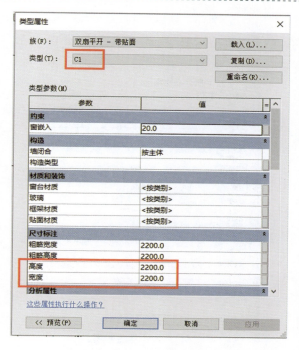

图 4.11　C1 类型属性

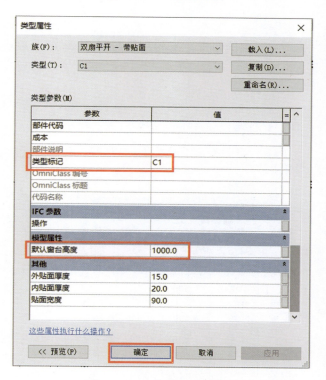

图 4.12　C1 类型标记及属性

用同一个族类型生成"C2",分别在"高度"位置输入"2 200","宽度"位置输入"1 800","默认窗台高度"改为"1 000","类型标记"改为"C2",如图 4.13 所示。

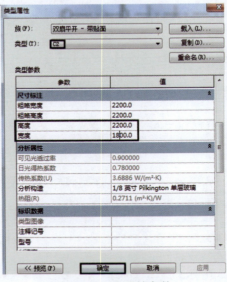

图 4.13　C2 属性参数

4.2.2　布置窗

构件定义完成后,按图进行窗的布置。窗的布置与门类似,可参考本任务 4.1.2 进行布置及修改窗标记,在此不再赘述。

课后练习

打开"门窗建模练习"文件,根据表 4.1 的数据创建门窗,自定放置位置,并保存文件。

表 4.1　门窗尺寸表

单位:mm

类别	名称	洞口尺寸		类别	名称	洞口尺寸	
		宽	高			宽	高
窗	C1	1 500	1 200	门	M-A	2 360	2 100
	C2	1 800	1 500		M1	1 000	2 100
	C3	900	1 200		M2	900	2 100
	C4	2 700	1 500		M3	800	2 100
	C5	2 100	1 500		M4	2 100	2 100
	C6	1 200	1 500		M5	2 400	2 100
					M6	2 700	2 100

模块 3 Revit 建筑建模

本模块主要介绍建筑物基本构造和 Revit 软件创建项目文件、柱与梁、墙体、楼梯及其他建筑构件的建模步骤。通过一个实例(食堂)的绘制,让大家从零基础开始,最终能用 Revit 软件完成常规建筑项目的建模工作。

任务5 创建项目

任务清单

1.练习新建项目。

2.练习修改项目单位等。

3.独立创建一个建筑项目文件,命名为"建筑建模练习.rvt"。

5.1 新建项目

打开 Revit 软件(软件高版本可向下兼容低版本文件),新建建筑样板——项目文件,完成食堂项目文件的创建。如图 5.1 所示。

图 5.1 新建项目

5.2 设置单位

完成创建后,默认将打开"场地"楼层平面视图。切换至"管理"选项卡,单击"设置"面板中的"项目单位"工具,打开"项目单位"窗口,如图 5.2 所示。设置当前项目中的"长度"单位为"mm",面积单位为"m²",单击"确定"按钮退出。

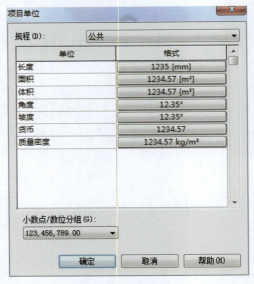

图 5.2　项目单位

5.3　保存成果

　　保存设置好的文件。单击"快速访问栏"中保存按钮,弹出"另存为"窗口,指定存放路径为"Desktop\食堂",默认文件类型为".rvt"格式,单击"保存"按钮,关闭窗口。将项目保存为"食堂"。

任务 6　创建标高和轴网

任务清单

1. 练习创建标高、修改标高、完善标高体系。

2. 练习生成轴网、调整轴网、尺寸标注以及轴网原点与基点对齐等。

3. 独立完成课后建模习题,生成轴网模型文件,并保存在文件夹中。

6.1　新建标高

任一幢立体的建筑物,均需要标高来定义垂直高度或建筑内的楼层标高。标高是有限水平平面,用作屋顶、楼板和天花板等以标高为主体的图元参照面。

打开 Revit 软件,根据提供的"食堂"图纸,完成食堂标高体系的建立。Revit 中标高用于反应建筑构件在高度方向上的定位情况。

6.1.1　进入立面视图

在"项目浏览器"中展开"立面"视图类别,切换至南立面视图(图 6.1),在绘图区域显示项目样板中默认标高 1 和标高 2,且标高 1 为"±0.000",标高 2 为"4.000",如图 6.2 所示。

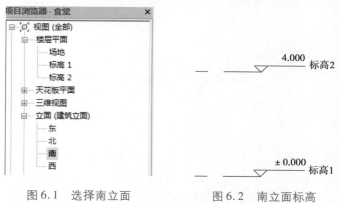

图 6.1　选择南立面　　　　　图 6.2　南立面标高

6.1.2　绘制新标高

1)创建标高

根据"建施-01"中的标高和层高信息进行标高创建。

单击"标高 2"标高线选择该标高,"标高 2"高亮显示。鼠标单击"标高 2"标高值位置,进入文本编辑状态(图 6.3),按 Delete 键删除文本编辑框内原有数字,输入"5.1",按 Enter 键确认,Revit 将"标高 2"向上移动至 5.1 m 的位置,同时该标高与"标高 1"距离变为 5 100 mm。同样方法将"标高 2"修改为"2F",出现命令框"是否希望重命名相应视图",单击"是"。将"标高 1"改为"1F",出现命令框"是否希望重命名相应视图",单击"是",如图 6.4 所示。

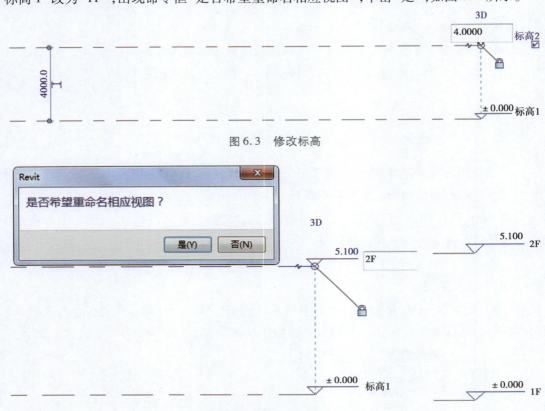

图 6.3　修改标高

图 6.4　重命名视图

2)设置新标高

单击"建筑"选项卡"基准"面板中的"标高"工具(图 6.5)Revit 自动切换至"修改 | 放置标高"上下文选项卡。确认"绘制"面板中标高的生成方式为"直线",确认选项栏中已经勾选"创建平面视图",设置"偏移量"为"0",如图 6.6 所示。单击选项栏中的"平面视图类型…"按钮(图 6.7),Revit 弹出"平面视图类型"对话框,选择"楼层平面",单击"确定"按钮(图 6.8),绘制标高时自动创建生成与标高同名的楼层平面视图。

图 6.5　标高命令

图 6.6　修改│放置 标高

图 6.7　创建平面视图

图 6.8　选择楼层平面视图类型

3）绘制新标高

将鼠标移动至标高"2F"上方任意位置,鼠标指针显示为绘制状态,并在指针与标高"二层"间显示临时尺寸标注(临时尺寸标注的单位为 mm)。移动鼠标指针,当指针与标高"二层"端点对齐时,Revit 将捕捉已有标高端点并显示端点对齐蓝色虚线,单击鼠标左键,确定为标高起点,如图 6.9 所示。

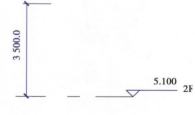

适当缩放视图,当光标移动至已有标高右侧端点位置时,Revit 将显示端点对齐位置,单击鼠标左键完成标高绘制。Revit 将自动命名该标高为"1G",并根据与标高"2F"的距离自动计算标高值,如图 6.10 所示。按 Esc 键两次退出标高绘

图 6.9　绘制新标高

制模式。单击标高"1G",Revit 在标高"2F"和"1G"间显示临时尺寸标注,修改临时尺寸标注值为"5 100",如图 6.11 所示。按 Enter 键确认输入。Revit 将自动调整标高为"10.200 m",

如图 6.12 所示。在"项目浏览器–食堂"中菜单"楼层平面"自动生成"1G"楼层平面视图。单击修改"1G"为"屋顶层","是否希望重命名相应视图",单击"是"。对应的项目浏览器的"楼层平面"中有"屋顶层"楼层平面视图,如图 6.13 所示。

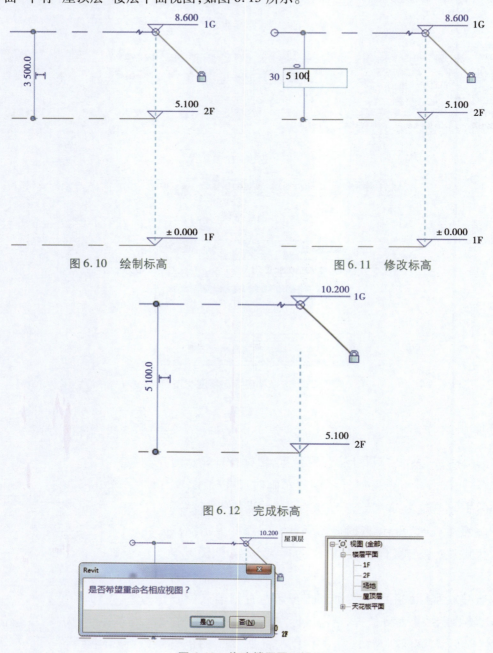

图 6.10　绘制标高　　　　　　　　　图 6.11　修改标高

图 6.12　完成标高

图 6.13　修改楼层平面视图

6.1.3　复制方式创建标高

1）复制生成标高

　　选择标高"屋顶层",Revit 自动切换到"修改 | 标高"选项卡,单击"修改"面板中"复制"工具,单击标高"屋顶层"任意一点为复制基点,向上移动鼠标,键盘输入"1500",按 Enter 键确认输入,Revit 将自动在标高"屋顶层"上方 1500 mm 处复制生成新标高,并自动命名该标高为"1H",按 Esc 键完成复制操作,如图 6.14 所示。将"1H"改为"女儿墙",如图 6.15 所示。

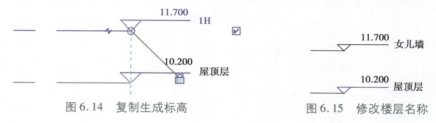

图 6.14　复制生成标高　　　　　　　图 6.15　修改楼层名称

2）生成楼层平面视图

　　采用复制方式生成的楼层高度并未同时生成楼层平面视图,并且 Revit 以黑色标高标头显示没有生成平面视图类型的标高。需要单击"视图/创建/平面视图/楼层平面"工具创建平面,如图 6.16 所示。Revit 弹出"新建楼层平面"对话框,选中"女儿墙"(图 6.17),单击"确定"按钮关闭窗口,此时项目浏览器中出现"女儿墙"(图 6.18),并默认当前视图切换至"女儿墙"。双击"南立面"回到南立面视图,可以看到标高"女儿墙"的标头与其他标高标头颜色一致。单击"快速访问栏"中保存按钮,保存当前项目成果。

图 6.16　创建楼层平面命令

图 6.17　新建楼层平面

图 6.18　修改后楼层平面视图

6.1.4 调整标高标头

选中某一标高后的蓝色虚线,在锁定状态下拖动蓝色圆点,所有标高线都能同时进行联动拉伸,而单击"锁"标志能够将选中的标高解锁,此时拖动蓝色圆点,则可只对这一标高进行拉伸。单击折线位置可以修改成带折线的标高符号,如图 6.19 所示。

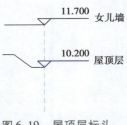

图 6.19　屋顶层标头

6.2　新建轴网

轴线是建筑物主要承重构建的定位线,又称定位轴线。由不同方向的定位轴线组成的轴线网称为轴网。在绘制建筑平面图之前,要先绘制轴网。轴网分为直线轴网、斜交轴网和弧线轴网。Revit 软件会自动为每个轴网编号,本书仅介绍直线轴网的绘制。

打开 Revit 软件,根据提供的食堂图纸,完成食堂轴网体系的建立。

6.2.1　进入楼层平面视图

根据"1F 平面图"中轴网信息进行 Revit 轴网的绘制。在上述已完成项目成果的基础上,双击"项目浏览器"中"1F"切换至"1F 楼层平面视图",单击"建筑"选项卡"基准"面板中的"轴网"工具,自动切换至"修改│放置轴网",进入轴网放置状态,"绘制"面板中绘制方式为"直线","属性"选择"轴网│6.5 mm 编号",如图 6.20 所示。单击"编辑类型",将"平面视图轴号端点 1"和"平面视图轴号端点 2"都确认打钩"√",单击"确定"按钮,如图 6.21 所示。

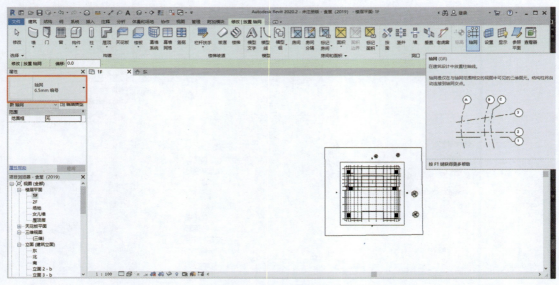

图 6.20　轴网属性

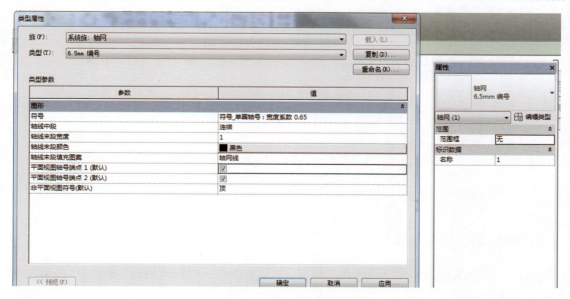

图 6.21　编辑轴网类型属性

6.2.2　绘制竖向轴线

1)绘制第一根竖向轴线

　　移动鼠标指针至空白绘图区域左下角位置后单击,作为轴线起点,沿垂直方向向上移动鼠标指针至左上角位置时,单击鼠标左键完成第一条轴线的绘制,Revit 自动为该轴线编号 1。

　　确定起点后,按住"Shift"键不放,Revit 将进入正交绘制模式,可以约束在水平或垂直方向的绘制,如图 6.22 所示。

2)绘制第二根竖向轴线

　　确认 Revit 处于放置轴线状态,移动鼠标指针至轴线 1 起点右侧任意位置,Revit 自动捕捉该轴线的起点,给出端点对齐捕捉参考线,并在鼠标指针与轴线 1 间显示临时尺寸标注,输入"2000"并按 Enter 键确认,将距离 1 轴线右侧 2 000 mm 处确认为第二根轴线的起点,沿垂直方向向上移动鼠标,直至捕捉到 1 根轴线另一端点时单击鼠标左键,完成第 2 根轴线绘制。该轴线自动编号为 2,如图 6.23 所示,再按 Esc 键两次退出轴网绘制模式。

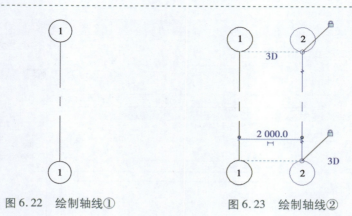

图 6.22　绘制轴线①　　　　图 6.23　绘制轴线②

3）利用复制快速创建轴线

选择 2 号轴线，自动切换至"修改｜轴网"上下文选项卡，单击"修改"面板中"复制"，选择"约束"和"多个"，鼠标左键点击 2 号轴线任意位置，向右移动输入"2 000"，如图 6.24 所示绘制轴线 3，按 Enter 键即为生成 3 号轴线；继续输入"4 000"，按 Enter 键，即为生成 4 号轴线；依次完成至 14 号轴线。完成后，按 Esc 键退出"复制"命令。

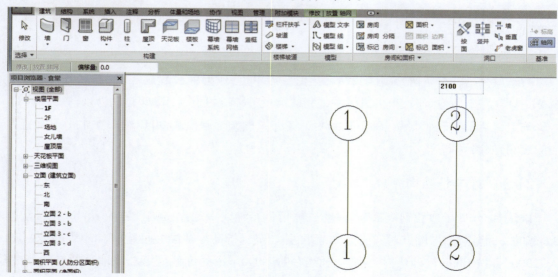

图 6.24　绘制轴线 3

4）对竖向轴线进行尺寸标注

调整轴线长度，单击任意轴线圆圈端部，生成小圆圈，用鼠标左键拖曳至合适位置，单击左键完成操作，如图 6.25 所示。

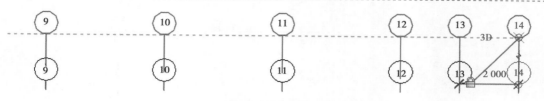

图 6.25　调整轴线长度

单击"注释"选项卡"尺寸标注"面板中的"对齐"工具,鼠标指针依次点击轴线 1 到轴线 14,随鼠标移动出现临时尺寸标注,左键单击空白位置,生成线型尺寸标注,以此来检查刚才复制轴线的正确性,如图 6.26 所示。

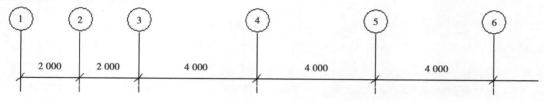

图 6.26　轴线临时尺寸标注

6.2.3　绘制水平定位轴线

1)绘制第一根水平定位轴线

单击"建筑"选项卡"基准"面板中的"轴网"工具,继续使用"绘制"面板中"直线"方式,沿水平方向绘制第一根水平轴线,Revit 自动按轴线编号累计加 1 的方式命名该轴线为 15,如图 6.27 所示,第一根横向轴号被编为 15,而横向轴线的编号规则为从下往上用大写英文字母从 A 开始编号。

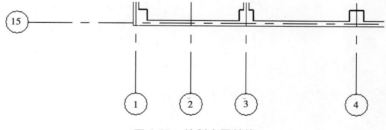

图 6.27　绘制水平轴线

2)修改轴线编号

Revit 会延续上一个轴号的属性(数字或字母)为下一根轴线编号。选择 15 号轴线,单击轴线标头中的轴线编号,进入编号文本编辑状态,删除原有编号值,输入"A",按 Enter 键确认,该轴线编号将修改为 A,如图 6.28 所示,后续绘制的轴线会以大写英文字母依次编号。

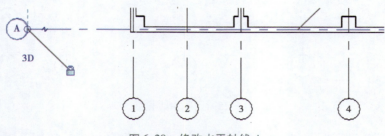

图 6.28　修改水平轴线 A

3) 绘制其他水平定位轴线

选择 A 轴线，单击"修改"面板中"复制"工具，进入复制编辑状态，勾选选项栏"约束"选项，取消勾选"多个"选项。单击 A 轴线任意一点作为复制基点，向上移动鼠标，输入"8 000"，按 Enter 键确认。在 A 轴线上方生成轴线，Revit 自动编号为 B，如图 6.29 所示。

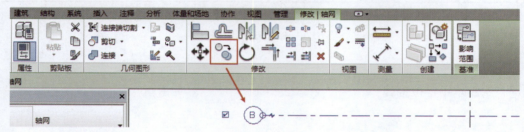

图 6.29　生成轴线 B

同样操作生成图纸所需所有水平定位轴线。为检验水平轴线正确性，单击"注释"菜单下"对齐"命令进行尺寸标注。

注意：规范规定"I、O、Z 不得用于定位轴线编号"，在 Revit 自动编号为生成"I"时，点击"I"编号，进行修改为"J"，后续生成轴线自动为"K"，如图 6.30 所示。

4) 删除尺寸标注

检查轴线绘制位置无误后，单击尺寸标注，选择"修改｜尺寸标注"中"删除"命令，即可删除，如图 6.31 所示。

图 6.30　纵向轴线

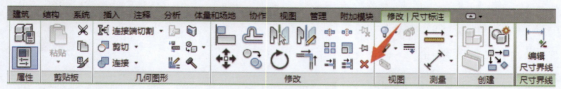

图 6.31　删除尺寸标注命令

6.2.4　完成轴线绘制

1）调整立面视图符号位置

绘图区域符号 表示项目中的东、南、西、北各立面视图的位置。分别框选这四个立面视图符号，将其移动至轴线外，完成轴网操作，如图 6.32 所示。

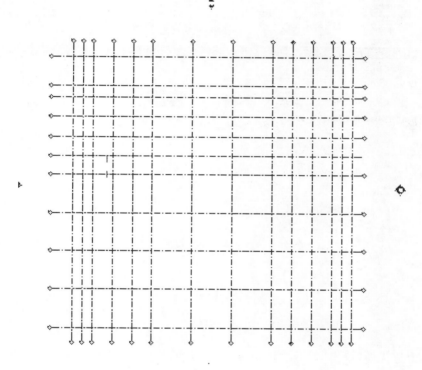

图 6.32　轴网

2）根据项目基点调整轴网位置

①在 1F 楼层平面视图空白位置，输入快捷键命令"V"—"V"（两次输入"V"），调出"楼层平面:1F 的可见性/图形替换"窗口，在"模型类别"页签中找到"场地"，在"场地"下拉菜单中找到"项目基点"勾选，如图 6.33 所示。此时绘图区域出现蓝色原点，如图 6.34 所示。

②在"1F 楼层平面视图"中，按住鼠标左键从左下角到右上角将绘图区域内轴网、尺寸标注、东、南、西、北视图，项目基点全部选中，如图 6.35 所示。在当前选中状态下，按住键盘Shift 键，鼠标就在"项目基点"处，当出现"—"图标时，左键单击"项目基点"，此时将"项目基点"排除在选中状态之外，即不再被选中，如图 6.36 所示。

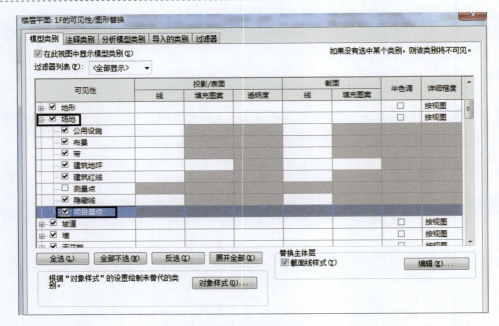

图 6.33　可见性

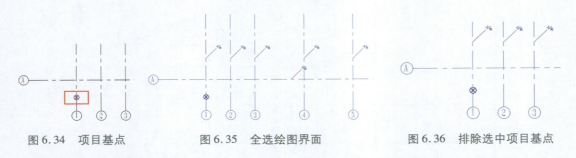

图 6.34　项目基点　　　　图 6.35　全选绘图界面　　　　图 6.36　排除选中项目基点

③继续上述操作,单击"修改 | 选择多个"上下文选项卡"修改"面板中的"移动"工具(图 6.37)。滚动鼠标滚轮将轴网左下角放大在主界面,左键单击 1 轴与 A 轴交点,松开鼠标,将其移动指定到"项目基点"位置,如图 6.38 所示。完成轴网 1 轴和 A 轴交点与"项目基点"位置的对齐操作,如图 6.39 所示。

注意:本项目是用 1 轴和 A 轴交点与"项目基点",在具体实施项目中可以约定某点与项目基点对齐,并保证同一项目的所有模型设置的基点位置一致。

图 6.37　移动命令

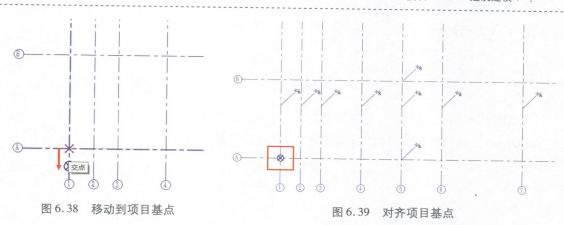

图 6.38　移动到项目基点　　　　　　图 6.39　对齐项目基点

3）锁定轴网

完成上述操作后,单击空白位置,按住鼠标左键,从右下向左上仅仅选择轴网,保证只有完整的轴网被选中,若选中项目基点,按住 Shift 键将其去除选择状态。单击"修改 | 选择多个"上下文选项卡"修改"面板中的"锁定"工具将整个轴网锁定,如图 6.40、图 6.41 所示。

注意:轴网锁定后,将无法进行移动、删除等命令,保证后期建模过程中,创建的模型构件定位正确。

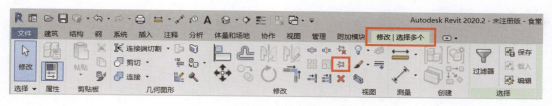

图 6.40　锁定命令

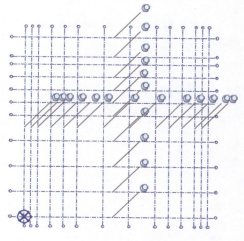

图 6.41　轴网锁定

单击"快速访问栏"中保存按钮,保存当前项目成果。

课后练习

根据图 6.42 给定数据创建轴网并进行尺寸标注,1F 为"±0.000 m",2F 为"3.000 m",3F 为"6.000 m"。请将模型文件以"标高轴网"为文件名保存。

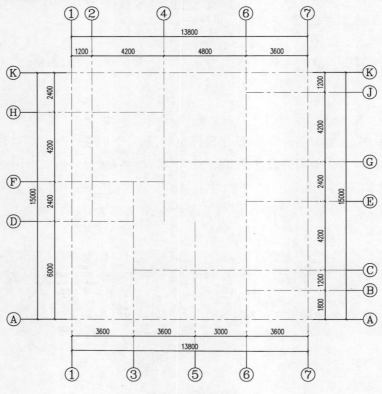

图 6.42　平面轴网

任务 7　绘制柱

任务清单

1. 学习柱相关知识，掌握绘制和复制两种创建方法。

2. 练习"建筑—柱""结构—柱"命令的使用，创建柱类别。

3. 根据"某实训中心 1F 柱平面布置图—练习"，创建建筑项目文件，独立完成柱建模操作，以"柱"为文件名保存文件。

柱是建筑物中垂直方向的主要承重构件，承受上方物体的荷载，工程结构中主要承受压力，有时也同时承受弯矩的竖向杆件，用以支承梁、桁架、楼板等。柱按截面形式分为方柱、圆柱、矩形柱、工字形柱等；按所用材料分为石柱、砖柱、钢柱、钢筋混凝土柱等；按柱的破坏特征或长细比分为短柱、长柱及中长柱。

Revit 软件中提供了两种柱：结构柱和建筑柱。其中，建筑柱主要为建筑师提供柱示意使用，它可以有比较复杂的造型，但是功能比较单薄。结构柱是用于承重的结构图元，主要作用是承受建筑荷载。除了建模之外，它还带有分析线，可直接导入分析软件进行分析。结构柱与建筑柱有许多共同属性，但是结构柱还具有许多独特性质和行业标准定义的其他属性。结构图元与结构柱连接，它们不与建筑柱连接。

结构柱是一个具有可用于数据交换的分析模型。创建结构柱时，可通过"结构"选项卡"结构"面板"柱"以及"建筑"选项卡"构建"面板"柱"下拉列表"结构柱"两种方式来放置柱。一般情况下使用"结构"选项卡"结构"面板中的"柱"工具创建构造柱类型。

建筑柱可以使用围绕结构柱创建柱框外围模型，并将其用于装饰应用。可以在平面视图和三维视图中添加建筑柱。单击"建筑"选项卡"构建"面板"柱"下拉列表"柱：建筑"。

通常，建筑师提供的图纸和模型包含轴网、建筑柱和构造柱。因此下面以结构柱和构造柱为例介绍项目实施过程。

7.1　创建建筑柱类型

7.1.1　载入"建筑柱"族文件

在"项目浏览器"中展开"楼层平面"视图类别，双击"1F"视图名称，进入"1F"楼层平面视图。单击"建筑"选项卡"建筑"面板中"构建｜柱"的"柱：建筑"工具，单击"属性"面板中的"编辑类型"，打开"类型属性"窗口，单击"载入"按钮，弹出"打开"窗口，默认进入 Revit 族库文件夹;单击"建筑"文件夹,"柱"文件夹,"矩形柱",单击"打开"命令,载入到食堂项目中,如图 7.1 所示。"类型属性"窗口中"族"和"类型"对应刷新,如图 7.2 所示。

图 7.1　载入柱族

图 7.2　柱类型属性

7.1.2　建立建筑柱构件类型

单击"复制"按钮,弹出"名称"窗口,输入"J-KZ1-500×600"(注意:建筑柱前面的"J"为建筑的汉语拼音首字母),单击"确定"按钮关闭窗口。如图 7.3 所示。

图 7.3　创建族名称

根据"柱平面布置图"中"柱配筋表"的信息,分别在"深度"位置输入"500","宽度"位置输入"600"。单击"确定"按钮,退出"类型属性"窗口。单击"属性"面板中的"材质<按类别>"按钮,选择材质为"钢筋混凝土 C30",若没有这一材质,就单击"混凝土砌块"然后单击右键"复制",新生成的材质修改为"钢筋混凝土 C30",单击"确定"按钮,如图 7.4 所示。

单击"钢筋混凝土 C30"右侧"表面填充图案｜填充图案"和"截面填充图案",上下滑动选项条,选择"绘图""混凝土-钢砼"后单击"确定""应用"按钮,如图 7.5 所示。

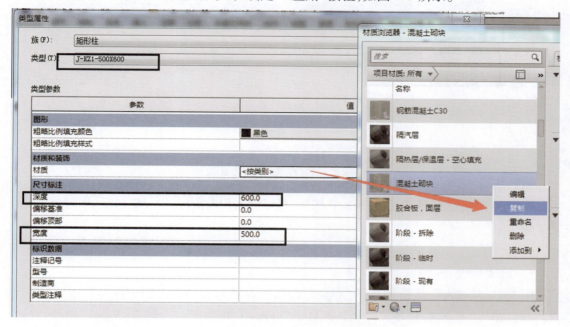

图 7.4　创建柱材质

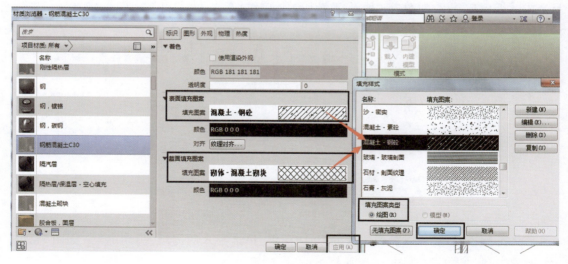

图 7.5　创建材质图形

7.1.3　创建其他柱

同上述方法,根据"柱平面布置图"中"柱明细表"的信息,建立其他建筑柱构件类型并进行相应尺寸及材质的设置。全部输入完成后,"类型属性"窗口中构件类型如图 7.6 所示。

图 7.6 创建柱其他类型

7.2 插入 CAD 图纸

鉴于图纸较大,柱较多,为方便放置构件,可以插入初设阶段的 CAD 图纸,作为放置柱的基准图。

7.2.1 链接 CAD

依次单击"插入"—"链接 CAD"(图 7.7)。选择处理后的图纸"1F 柱平面布置图"(注意:"导入单位"务必选择"毫米",否则 CAD 图与 Revit 图不能——对应),"定位"选择"自动-原点到原点",放置"1F","定向到视图"处务必打"√",否则其他楼层也能看到这张 CAD 图,易造成图纸相互干扰,如图 7.8 所示。确认操作正确之后单击"打开"按钮。

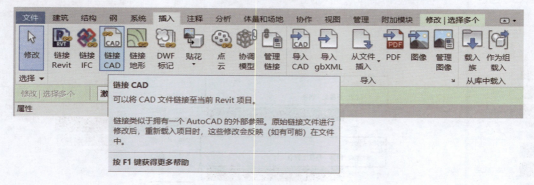

图 7.7 链接 CAD

将图形缩小,右侧可以看到插入的 CAD 图纸,单击导入的图纸,出现"锁",如图 7.9 所示,再单击"锁"则打开,如图 7.10 所示。

图 7.8   链接 CAD 格式

图 7.9   链接 CAD 锁

图 7.10   链接 CAD 开锁

7.2.2   对齐轴线

1）对齐纵向轴线与链接 CAD 图纸

默认进入"修改｜1F 柱平面布置图"，单击"修改"中"对齐"命令，然后滚动鼠标滚轮放大图纸,单击 Revit 图中 A 轴线,如图 7.11 所示,点击 Revit 图中 A 轴线后变为蓝色轴线;再滚动鼠标滚轮缩放图纸,找到插入的 CAD 图纸,调整到合适大小点击 A 轴线,单击 CAD 图纸中 A 轴线后变为蓝色轴线,并自动与 Revit 图中"A 轴线"水平对齐。

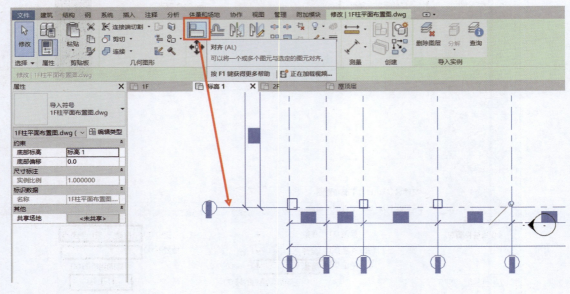

图 7.11　对齐 A 轴线

2)对齐横向轴线与链接 CAD

继续滚动鼠标滚轮放大图纸,单击 Revit 图中 1 轴线,如图 7.12 所示;点击链接 CAD 中 1 轴线后变为蓝色轴线,如图 7.13 所示;再滚动鼠标滚轮缩放图纸,找到插入的 CAD 图纸,调整到合适大小并单击 1 轴线,使其变为蓝色轴线,并自动与 Revit 图中 1 轴线水平对齐,并实现 Revit 图与插入的 CAD 图纸 1 和 A 轴线交点对齐,即原点对齐,如图 7.14 所示,再按两次 Esc 键退出命令。

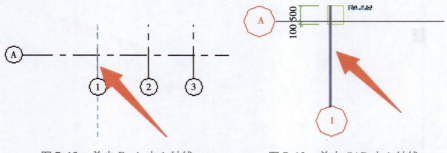

图 7.12　单击 Revit 中 1 轴线　　　　图 7.13　单击 CAD 中 1 轴线

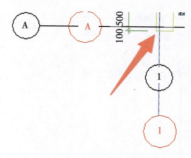

图 7.14　对齐 1 轴线

3）锁定 CAD 图纸

单击插入 CAD 图纸，出现锁图（图 7.15），单击锁进行锁定，如图 7.16 所示。

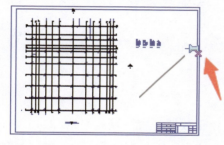

图 7.15　单击 CAD 锁

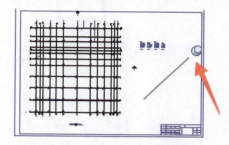

图 7.16　锁定 CAD 图

7.3　布置结构柱

7.3.1　布置"1F"结构柱

1）布置柱

根据"柱平面布置图"，在"建筑—构建—柱—柱：建筑"面板中找到"J-KZ1-500×600"，Revit 自动切换至"修改｜放置结构柱"上下文选项卡，选项栏选择"高度"，到达高度选择"2F"。鼠标移动到 1 轴与 A 轴交点位置处，对齐插入的 CAD 图纸中的"KZ1"，点击左键，布置"J-KZ1-500×600"，要注意对齐同时上面和右面有默认的尺寸标识。如图 7.17 所示。布置柱后，按两次 Esc 键，退出柱命令。

注意：Revit 软件提供了两种确定柱高度的方式：高度和深度。高度方式是指从当前标高到达的标高方式确定柱高度；深度是指从设置的标高到达当前标高的方式确定柱高度。

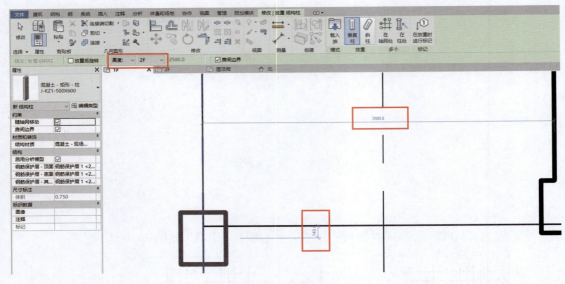

图 7.17 布置柱构件

2) 调整柱位置

旁边显示的默认尺寸标识可以进行修改,以校正放置位置。默认显示"2240",而柱中心距离右侧轴线为"2250"(1、2 轴线间距 2400-150=柱中心距左侧轴线距离=2250),因此单击"2240",进入编辑状态,修改为"2250",并按回车 Enter 键确认,如图 7.18 所示,默认显示距下侧轴线"200"正确(柱中心距下侧 A 轴线距离为 200),不需修改,同时检查柱底部标高为1F 和顶部标高为 2F,左键单击空白位置确认完成。

参照以上的操作方法,依次选择 J-KZ2-450×450、J-KZ3-600×600、J-KZ4-400×400 建筑柱进行布置,布置完成后,按两次 Esc 键退出柱命令。再根据"柱平面布置图"对柱位置进行精确修改。

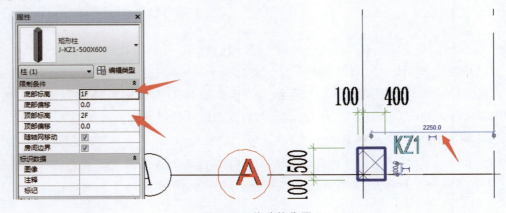

图 7.18 修改柱位置

3）显示三维视图

完成后，单击"快速访问栏"中的"三维视图"按钮，切换到"三维"，单击下方视觉样式中

"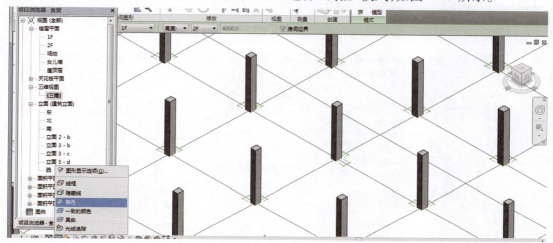 着色"，为节约内存、提高运行速度，也可以选择"线框"模式，如图 7.19 所示。

图 7.19　调整着色

单击"快速访问栏"中保存按钮，保存当前成果。

7.3.2　绘制"2F"柱

"1F"楼层平面视图柱绘制完成后，开始绘制"2F"楼层平面视图柱。查阅"食堂柱明细表""2F 柱平面布置图"可知，2F 柱与 1F 柱位置一致，且柱截面尺寸没有变化。为方便绘图，可以直接复制 1F 柱到 2F，再进行后期的修改即可。

注意：仅在楼层间柱子布置相同时可采用复制的方法，如果柱子尺寸和类型有变化，则需要根据要求详细绘制，在此不赘述。

1）快速创建"2F"楼层平面视图柱

利用"过滤器"及"复制到剪贴板"工具快速建立"2F"楼层平面视图柱。左键单击"1F"楼层平面视图，激活视图。移动鼠标滚轮适当缩放绘图区域模型，当前模型全部显示在绘图区域后，按住鼠标左键自左上角向右下角全部框选绘图区域构件。

2）用过滤器选择柱

框选完毕后，Revit 自动切换至"修改｜选择多个"上下文选项卡，单击"选择"面板中的"过滤器"工具，弹出"过滤器"窗口，只勾选"柱"类别，其他构件类别取消勾选，单击"确定"按钮，关闭窗口。

3）复制柱

此时 Revit 自动切换至"修改｜柱"选项卡，单击"剪贴板"面板中的"复制到剪贴板"工具，然后单击"粘贴"下的"与选定的标高对齐"工具，弹出"选择标高"窗口，选择"2F"，单击"确定"按钮，关闭窗口。此时"1F"柱已复制到"2F"柱，属性栏更新为"底部标高"为"2F"，"顶部标高"为"屋顶层"，如图 7.20 所示。

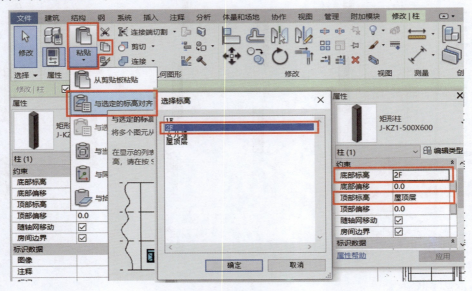

图 7.20　与选定标高对齐复制柱

单击"快速访问栏"中保存按钮，保存当前成果。

7.4　布置构造柱

抗震设防地区为了增强砌体结构的整体性，需设置钢筋混凝土构造柱，使之与每层圈梁连接，形成骨架，加强砌体的抗弯剪能力。构造柱的设置部位通常有外墙四角、错层部位横墙与外纵墙交接处、较大洞口两侧、大房间内外墙交接处、楼电梯间四角等。本食堂女儿墙之所以设置构造柱，主要是为了增强整体的安全性和防震性。按照规范要求并结合本食堂项目可知：女儿墙位置应设置构造柱截面尺寸为"200×200"，依据"屋顶层板配筋图"可知构造柱的位置。

1）屋顶层载入柱

选择"项目浏览器"中"屋顶层"，进入"屋顶层"楼层平面视图，按照建立建筑柱构件类型的方式建立构造柱即可，选"结构"下拉菜单"结构｜柱"，单击"编辑属性"，打开"类型属性"

窗口,如没有矩形柱,则单击"载入",弹出"打开"窗口,默认进入 Revit 族库文件夹。

2)创建构造柱

单击"结构"文件夹,"柱"文件夹,单击"混凝土",选中"混凝土—矩形—柱",单击"打开"命令,载入到食堂项目中,"复制",并"重命名"为"构造柱 200×200",修改参数"h 为200","b 为200"。

"高度"选择"女儿墙",按位置插入柱子即可。依据上述操作方法,在此不再赘述。

任务 8　绘制梁与楼地板

任务清单

1. 学习梁与楼地板构造和建模相关知识,练习新建梁、修改梁参数,布置梁、修改标高等。

2. 练习新建楼地板、修改楼地板参数,布置楼地板、修改轮廓、标高等。

8.1　梁

梁承托着建筑物上部构架中的构件及屋面的全部重量,是建筑上部构架中最为重要的部分;从功能上分,有结构梁,如基础地梁、框架梁等,与柱、承重墙等竖向构件共同构成空间结构体系,有构造梁,如圈梁、过梁、连系梁等,起到抗裂、抗震、稳定等构造性作用;从结构工程属性分,有框架梁、剪力墙支承的框架梁、内框架梁等;从施工工艺分,有现浇梁、预制梁等;从材料上分,工程常用的有型钢梁、钢筋混凝土梁等。

Revit 软件中提供了梁、支撑、梁系统和桁架四种创建结构梁的方式。其中,梁和支撑生成梁图元方式与墙类似;梁系统则在指定区域内按指定的距离阵列生成;桁架是通过放置"桁架"族,设置族类型属性中的上弦杆、下弦杆、腹杆等梁族类型,生成复杂形式的桁架图元。本节以食堂为例,讲解采用梁命令来创建结构梁的操作步骤。梁是用于承重用途的结构图元,每个梁的图元是通过特定梁族的类型属性定义的。

8.1.1　创建梁构件类型

1)建立 1F 结构梁类型

根据"1F 梁平面布置图"先建立 1F 结构梁构件类型。在"项目浏览器"中展开"楼层平面"视图类别,双击"1F"视图名称,进入"1F"楼层平面视图。单击"结构"选项卡"结构"面板中的"梁"工具,单击"属性"面板中的编辑类型,打开"类型属性"窗口,在"族(F)"后面的下拉小三角中选择"混凝土-矩形梁",此时"类型(T)"后面显示为"300×600 mm"。如若没有此类型,单击"载入(L)",依次双击"China"菜单中"结构"—"框架"—"混凝土"—"混凝土矩形梁"即可载入,如图 8.1 所示。

图 8.1 建立梁类型

单击"复制"按钮,弹出"名称"窗口,输入"KL1-300×700",单击"确定"关闭窗口,在"b"位置输入"300","h"位置输入"700"。单击"确定"按钮,退出"类型属性"窗口。单击"属性"面板中的"结构材质"右侧按钮,选择材质为"混凝土-现场浇筑混凝土-C35"。若没有此材质,单击"混凝土-现场浇筑混凝土",按右键"复制",生成修改即可,如图 8.2 和图 8.3 所示。

2)创建其他结构梁类型

依据上述方法,绘制其他类型梁构件。全部输入完成后,"类型属性"窗口中的构件类型如图 8.4 所示。

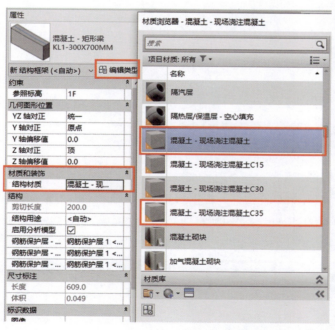

图 8.2 梁编辑类型

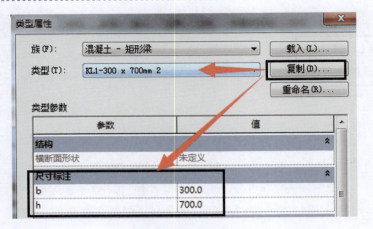

图 8.3 梁编辑尺寸

图 8.4 其他梁类型属性

8.1.2 布置 1F 梁构件

构件定义完成后,开始布置构件。根据"1F 梁平面布置图"布置 1F 结构梁。在"属性"面板中找到 KL1-300×700,Revit 自动切换至"修改 | 放置梁"上下文选项卡,单击"绘制"面板中的"直线"工具,选项栏"放置平面"选择"标高:1F",如图 8.5 所示。

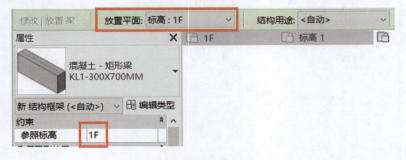

图 8.5 梁设置标高

1)布置梁

鼠标移动到 1 轴与 A 轴交点位置处,单击左键作为结构梁的起点,向右移动鼠标指针,鼠标捕捉到 6 轴与 A 轴交点位置处,单击左键作为结构梁的终点。弹出如图 8.6 所示的"警告"窗口,单击右上角叉号关闭即可。

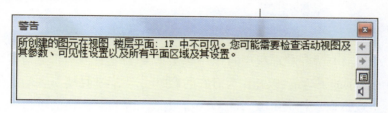

图 8.6 警告

2)修改视图范围

由于绘制完毕的梁顶部与 1F 标高 5.1 m 一致,因此想在"1F"楼层平面视图中看到绘制出来的结构梁图元,需要对当前"1F"楼层平面视图进行可见性设置,即调整视图范围。

先按两次 Esc 键退出绘制结构梁图元命令,当前显示为"楼层平面"的"属性"面板,单击"属性"面板中"视图范围"右侧的"编辑"按钮,打开"视图范围"窗口,在"顶(T)"后面"偏移量(O)"处输入"5 100","剖切面(C)"后"偏移量(E)"处输入"5 100","底(B)"后面"偏移量(F)"处输入"−1000",视图深度偏移量(S)输入"−1000",如图 8.7 所示,单击"确定"按钮,关闭窗口。绘制结构梁 KL1−300×700 显示在绘图区域,如图 8.8 所示。

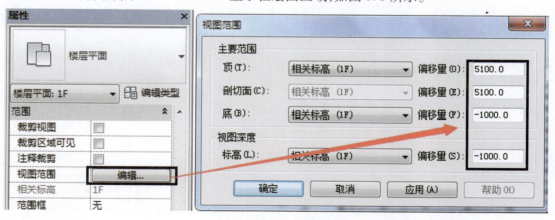

图 8.7 编辑视图范围

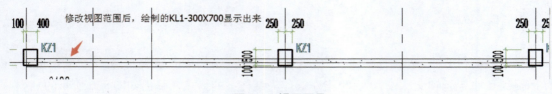

图 8.8　视图可见

3)精确修改梁位置

单击"修改"选项卡"修改"面板中的"对齐"工具,鼠标指针变为带有对其图标的样式,左键单击要对齐的柱子的下边线,以此作为对齐的参照线,然后选择要对齐的实体结构梁 KL1-300×700 的下边线,此时结构梁 KL1-300×700 下边线与左右两侧柱的下边线完全对齐,如图8.9 所示。

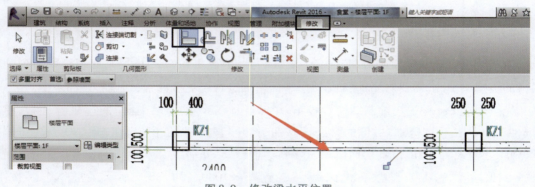

图 8.9　修改梁水平位置

4)修改标高

按两次 Esc 键退出对齐操作命令,梁图元位置已经修改正确,现对梁图元进行标高修改。以满足结施图中"一层梁配筋图"下标注要求(标高 $H=5.100$ m)。单击绘制的梁 KL1-300×700,修改命令栏中"起点标高偏移"为"5 100","终点标高偏移"为"5 100",如图 8.10 所示。

5)布置其他梁

参照上面的操作方法,依次选择 KL2-300×600,KL3-300×600,KI4-300×600,KL5-300×1000,KL6-300×600,

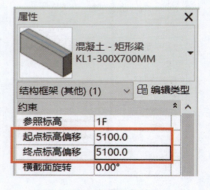

图 8.10　修改梁标高

KL7-300×700,KL8-300×700,KL9-300×700,KL10-300×700,KL11-300×750,KL12-300×750,KL13-300×750,KL14-300×700,KL15-300×700,L1-250×600,L2-200×400,L3-250×600,I4-250×600,L5-250×600,L6-250×600,L7-250×600,L8-250×600,L9-200×400,L10-

250×600,L11−300×600 结构梁进行布置,布置完成后根据"1F 梁平面布置图"结构梁平面定位信息,使用"对齐"工具对结构梁位置进行精确修改,完成后如图 8.11 所示。

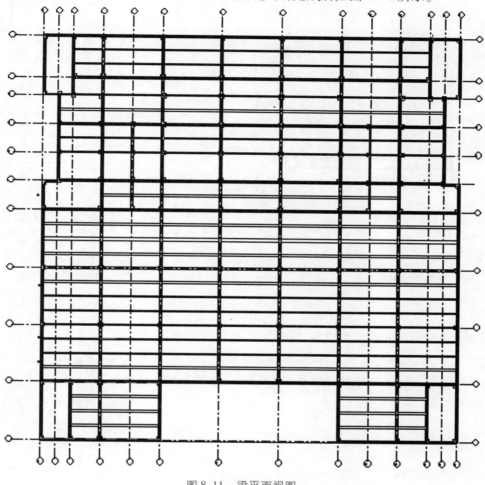

图 8.11　梁平面视图

6)修改梁标高

对刚绘制的 1F 其他结构梁图元进行标高修改,可以采用便捷方法统一进行。移动鼠标滚轮缩放绘图区域模型,当全部图形均在绘图区域显示后,按住鼠标左键自左上角向右下角,全部框选绘图区域构件。框选完毕后,Revit 自动切换至"修改|选择多个"上下文选项,单击"选择"面板中的"过滤器"工具,弹出"过滤器"窗口,只勾选"结构框架(其他)"类别,其他构件类别取消勾选,如图 8.12 所示,单击"确定"按钮,关闭窗口。

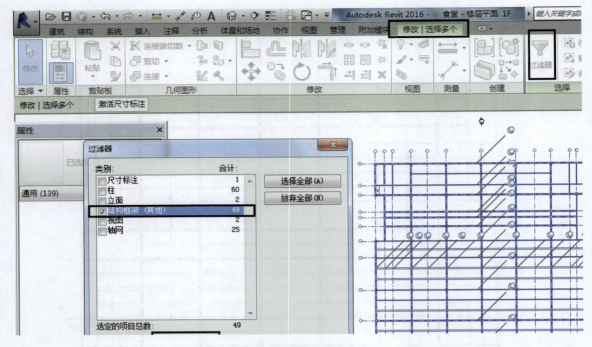

图 8.12　快速选择同高度梁

　　此时模型中仅有结构梁被选中,在结构梁的"属性"面板中设置"参照标高"为"1F","起点标高偏移"为"5 100.0","终点标高偏移"为"5 100.0",如图 8.13 所示,按 Enter 确认,再按两次 Esc 键退出结构梁选择状态。

7) 平铺视图

　　绘制好的梁图元可以平面和三维视图同时看,单击"快速访问栏"中三维视图按钮,切换到三维视图,单击"视图"选项卡"窗口"面板中的"平铺"工具(图 8.14),"1F"楼层平面视图与三维模型视图同时平铺显示在绘图区域,如图 8.15 所示。

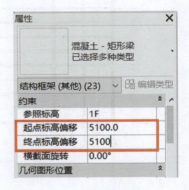

图 8.13　修改梁标高

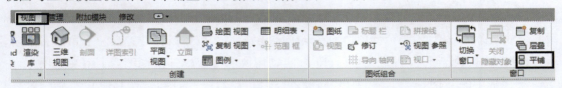

图 8.14　平铺命令

8.1.3　布置 2F 梁构件

　　依据"2F 梁平面布置图"继续绘制二层梁。

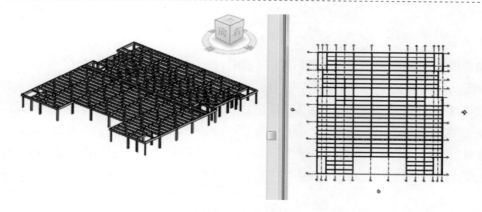

图 8.15　平铺视图

　　由"2F 梁平面布置图"可知与 1F 梁布置情况基本一致,可采用"过滤器"(选择结构框架(其他)和"复制""粘贴板"快速操作,参照 2F 柱绘制方法操作,在此不赘述。仅需在 A 轴线及 6 和 8 轴线间设一道梁,选择"KL1-300×700",参照标高选择"2F","起点标高偏移"设为"5 100","终点标高偏移"设为"5 100",如图 8.16 所示。

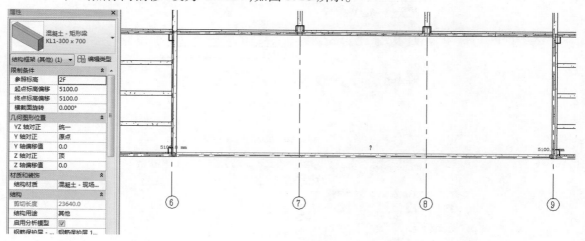

图 8.16　设置 2F 梁

8.1.4　新建圈梁

　　根据图纸查阅圈梁构件的尺寸、定位、属性等信息,保证圈梁模型布置的正确性。圈梁位于女儿墙顶部,平面位置与女儿墙一致。根据图纸可以 QL1 为"200×200",女儿墙底部标高为 10.2 m,顶部标高为 11.7 m,QL1 的高度为 200 mm,也就是屋顶层 QL1 的标高为 11.5 ~ 11.7 m;根据"混凝土强度等级"表格可知,圈梁的混凝土强度等级为 C30。

1）建立圈梁类型

双击"项目浏览器"中"女儿墙"楼层平面视图,单击"结构"选项卡"结构"面板中的"梁"工具,单击"属性"面板中的"编辑类型",打开"类型属性"窗口,在"族（F）"后面的下拉小三角中选择"混凝土-矩形梁",单击"复制"按钮,弹出"名称"窗口,输入 QL-200×200,单击"确定"按钮关闭窗口,在"b"位置输入"200","h"位置输入"200",如图 8.17 所示,单击"确定"按钮,退出"类型属性"窗口。单击"属性"面板中的"结构材质"右侧按钮,选择材质,复制生成为"混凝土-现场浇筑混凝土-C30"。"属性"面板中参照标高为"女儿墙",如图 8.18 所示。

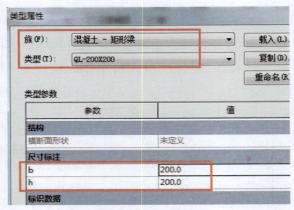

图 8.17　设置圈梁

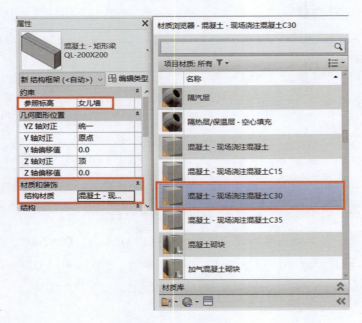

图 8.18　圈梁属性设置

2）布置圈梁

根据"屋顶平面图"布置女儿墙圈梁。适当放大区域，移动鼠标指针到1与A轴线的交点位置，单击作为圈梁绘制的起点，沿外围轴线绘制完模型，移动鼠标指针到1和A轴线交点位置，单击作为圈梁绘制的终点。完成后按Esc键两次退出圈梁绘制模式。单击"快速访问栏"中三维视图按钮，切换到三维，查看模型成果，如图8.19所示。

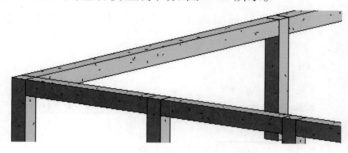

图8.19 圈梁三维视图

单击"快速访问栏"中保存按钮，保存当前成果。

8.2 楼地板

楼板层是水平方向分隔空间的承重构件，包括楼板层和地坪层。它们具有相同的面层，但由于所处位置、受力不同，因而结构层有所不同。楼板层的结构层为楼板，楼板将所承受的上部荷载及自重传递给承重墙或柱，楼板层对隔声等功能要求较高。地坪层的结构层为垫层，垫层将所承受的荷载及自重均匀地传递给夯实的地基，地坪层对保温防潮的要求较高。

Revit软件中提供了三种板：面楼板、结构楼板和楼板。其中面楼板用于将概念体量模型的楼层面转换为楼板模型图元，该方式只用于从体量创建楼板模型时；结构楼板视为方便在楼板中布置钢筋、进行受力分析等结构专业应用而设计；楼板和结构楼板布置方式类似。下面以食堂为例，讲解创建项目楼板的操作步骤。

严格讲具有现浇混凝土板的面都应该称为楼面，地面则指与土有接触的面，比如有地下室的建筑物首层地面做法应参照楼面做法执行，而框架结构无地下室（本项目结构形式）的情况下，1F地面做法设计是按照地面做法执行。本节将结构层与装修层同时设置，若只需结构层，则只设"结构[1]"即可。

8.2.1 创建1F地面构件类型

1）创建1F地面

在"项目浏览器"中展开"楼层平面"视图类别，双击"1F"视图名称，进入"1F"楼层平面视图。单击"结构"选项卡"结构"面板中的"楼板"下拉的"楼板:结构"工具,单击"属性"面板中的"编辑类型",打开"类型属性"窗口,如图 8.20 所示,单击"复制"按钮,弹出"名称"窗口,输入"1F 地面",单击"确定"按钮关闭窗口。单击"结构"右侧"编辑"按钮,进入"编辑部件"窗口(图 8.21)。要创建正确的地面类型,必须设置正确的地面厚度、做法、材质等信息。在"编辑部件"的"功能"列表中提供了 7 种楼板功能,即"结构[1]""衬底[2]""保温层/空气层[3]""面层 1[4]""面层 2[5]""涂膜层"(通常用于防水涂层,厚度必须为 0)、"压型板[1]"。这些功能定义楼板结构中每一层的作用,方括号中的数字越大,该层连接的优先级越低。

图 8.20　创建 1F 地面类型属性

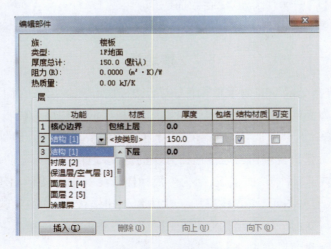

图 8.21　编辑 1F 地面属性

2)匹配地面材质

修改"结构[1]""厚度"为"80",材质修改为"C20 混凝土垫层"(如若没有该材质,选择"混凝土-现浇",单击右键"复制"生成修改名为混凝有垫层即可),选择第二行,单击"插入"按钮 3 次,在"层"列表中插入 3 个新层,新插入的层默认厚度为"0",功能为"结构[1]"。选择第二行,单击"向上"按钮 1 次,变为第 1 行,在功能下拉列表中修改为"面层 2[5]",材质修改为"防滑地砖"(如若没有该材质,可以通过复制生成,继而修改名称为防滑地砖,并赋予材质颜色),"厚度"修改为"20"。选择第 3 行,单击"向上"按钮 1 次,变成第 2 行,在功能下拉列表中修改为"衬底[2]"，材质修改为"1∶3水泥砂浆"，厚度修改为"30"。选择第 4 行，"向下"按钮两次，变成第 6 行，在功能下拉列表中修改为"面层 2[5]"，材质修改为"碎石"，厚度修改为"150"，如图 8.22 所示。完成设置后单击"确定"按钮，关闭"编辑部件"窗口。

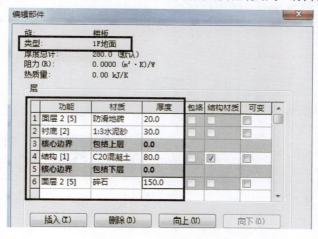

图 8.22　1F 地面材质

3）布置构件

构件定义完成后，开始布置构件。在"属性"面板设置"标高"为"1F"，"自标高的高度偏移"为"0"，按 Enter 键确认。"绘制"面板中选择"矩形"方式，选项栏中"偏移量"设置为"0"，根据"建施图"中"一层平面图"找到 1F 地面的位置，将室内地面进行绘制，如图 8.23 所示。绘制完成后单击"模式"面板中的绿色"√"工具，完成一部分地面的创建。弹出载入跨方向族窗口，单击"否"即可，如图 8.24 所示。

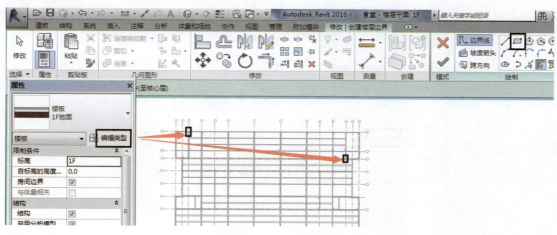

图 8.23　布置 1F 地面

根据"1F 平面图"知卫生间地面为"$H-0.100$ m",因此在布置卫生间地面时须设置"自标高的高度…"修改为"-100",如图 8.25 所示,再行绘制矩形框楼板。

单击"快速访问栏"中保存按钮,保存当前成果。

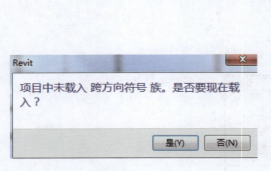
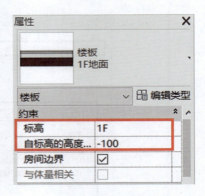

图 8.24　提示　　　　　　　　　图 8.25　1F 地面标高设置

8.2.2　创建 2F 楼面构件类型

1)创建 2F 楼面

在"项目浏览器"中展开"楼层平面"视图类别,双击"2F"视图名称,进入"2F"楼层平面视图。单击"结构"选项卡"结构"面板中的"楼板"下拉的"楼板:结构"工具,单击"属性"面板中的"编辑类型",打开"类型属性"窗口,单击"复制"按钮,弹出"名称"窗口,输入"2F 楼面",单击"确定"按钮关闭窗口,如图 8.26 所示。单击"结构"右侧"编辑"按钮,如图 8.27 所示,进入"编辑部件"窗口。要创建正确的楼面类型,必须设置正确的楼面厚度、做法、材质等信息。

图 8.26　创建 2F 楼面

2)匹配 2F 楼面材质

前述楼面与地面的区别,因此楼面材质须将"6 面层 2[5]"删掉,如图 8.28 所示,点选第

6 栏,单击"删除"即可。

图 8.27　编辑 2F 类型属性

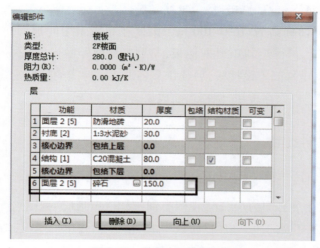

图 8.28　编辑 2F 楼面属性

修改"结构[1]""厚度"为"120",材质修改为"混凝土-现浇混凝土 C35",其余材质不变,如图 8.29 所示,完成设置后单击"确定"按钮,关闭"编辑部件"窗口。

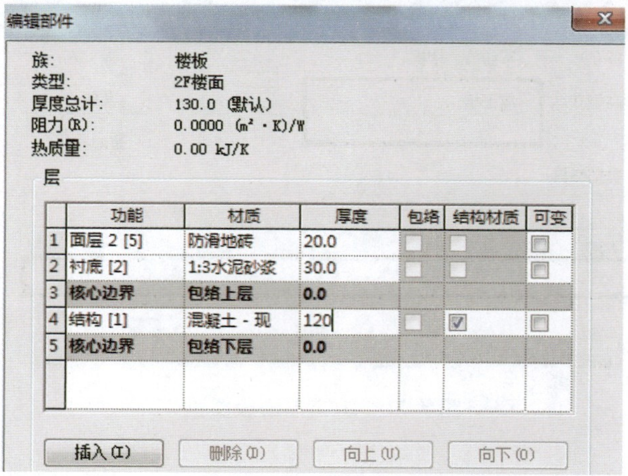

图 8.29　2F 楼面属性

3）布置 2F 楼面构件

构件定义完成后，开始布置构件。在"属性"面板设置"标高"为"2F"，"自标高的高度偏移"为"0"，按 Enter 键确认。"绘制"面板中选择"矩形"方式，选项栏中"偏移量"设置为"0"，根据"建施图"中"一层平面图"找到 2F 地面的位置，将室内地面进行绘制，如图 8.30 所示。绘制完成后单击"模式"面板中的绿色"√"工具，完成一部分地面的创建。弹出载入跨方向族窗口，点击"否"即可。根据"2F

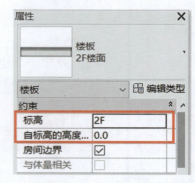

图 8.30 设置 2F 楼面标高

平面图"可知卫生间地面标高为"$H-0.100$ m"，因此在布置卫生间地面时须设置"自标高的高度…"修改为"-100"，再行绘制矩形框楼板，与"1F 地面"操作方法一致。根据"2F 平面图"，排烟井和楼梯间、电梯间不设楼板，后续章节将讲述楼梯间的楼板设置方法。

单击"快速访问栏"中保存按钮，保存当前成果。

8.2.3 创建屋面板构件类型

1）创建屋面板

在"项目浏览器"中展开"楼层平面"视图类别，双击"屋顶层"视图名称，进入"屋顶层"楼层平面视图。单击"结构"选项卡"结构"面板中的"楼板"下拉的"楼板:结构"工具，单击"属性"面板中的"编辑类型"，打开"类型属性"窗口，单击"复制"按钮，弹出"名称"窗口，输入"屋面板"，单击"确定"按钮关闭窗口。单击"结构"右侧"编辑"按钮，如图 8.31 所示，进入"编辑部件"窗口。

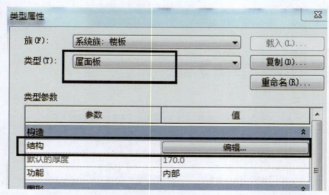

图 8.31 编辑屋面板类型

2）匹配屋面板材质

要创建正确的屋面板类型，必须设置正确的楼面厚度、做法、材质等信息（材质信息如没有,需要选取相近材质进行复制、重命名操作),如图 8.32 所示。

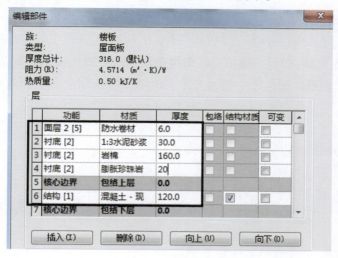

图 8.32 屋面板材质

3)布置构件

构件定义完成后,开始布置构件。在"属性"面板设置"标高"为"屋顶层","自标高的高度偏移"为"0",按 Enter 键确认。"绘制"面板中选择"拾取线" 方式,选项栏中"偏移量"设置为"0",沿食堂外侧梁中心线依次拾取,(垂直梁和水平梁直接拾取一根,出现多次弯折需多次拾取)生成楼板边界轮廓,如图 8.33 所示。

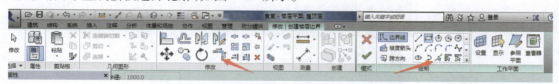

图 8.33 拾取线

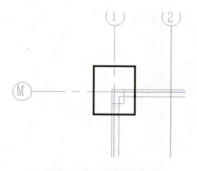

图 8.34 楼板轮廓线

4)修改编辑楼板轮廓

如图 8.34 所示为楼板轮廓线,单击"修改|创建楼板边界"上下文选项卡"修改"面板中的"修改/延伸为角(TR)"工具,单击 M 轴的紫色楼板线,然后单击 1 轴的紫色楼板线,此时两条紫色楼板线相连。同样的方法,使用"修改/延伸为角(TR)"对其他位置屋面板线进行编辑修改。尤其注意 K—F 轴线间内缩进去的 2 轴线位置,如若不易修改可采用绘制"直线" 命令操作编辑。

5）完成楼板绘制

全部修改绘制完成后，再次单击"模式"面板中的绿色"√"工具（图 8.35），修改楼层边界，弹出"载入跨方向族窗口"，单击"否"即可关闭（图 8.36），按 Esc 键两次退出绘图模式。此时绘制的整块屋面板以蓝色选中状态显示，如图 8.37 所示。按 Esc 两次退出屋面板选择状态。

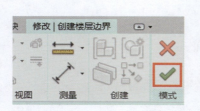

图 8.35　修改楼层边界

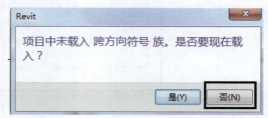

图 8.36　提示

6）保存成果

单击"快速访问栏"中保存按钮，保存当前成果。单击项目浏览器中"食堂"中"三维视图"下拉菜单"三维"，显示绘制成果，如图 8.38 所示。

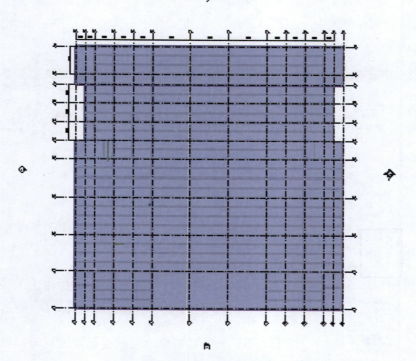

图 8.37　选中楼板

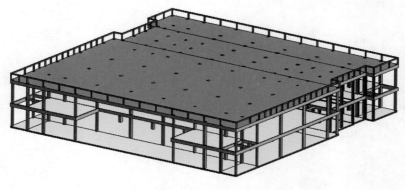

图 8.38　三维图

任务9　绘制墙体

任务清单

1. 学习墙体相关构造和建模内容,练习创建墙体、修改材质、布置墙体。
2. 练习建立建筑内墙、建筑外墙和女儿墙的类别及参数。
3. 独立完成课后墙体建模习题,生成墙体模型文件,并保存在文件夹中。

　　墙体是建筑物重要的承重结构和围护结构。按所属位置,墙体可分为外墙和内墙,外墙位于房屋的四周,内墙位于房屋的内部。按所属方向,墙体可分为纵墙和横墙,沿建筑物长轴方向的墙为纵墙,短轴方向的墙为横墙,外横墙俗称山墙。按墙体与门窗的位置关系,平面上窗洞口间的墙为窗间墙,立面上窗洞口之下的墙为窗下墙。在混合结构建筑中,墙体按受力方式可分为承重墙和非承重墙。承重墙直接承受楼板或屋顶的荷载;非承重墙又可分为自承重墙和隔墙。自承重墙不承受楼板和屋顶的荷载,但承接上部墙体的荷载,并传递给基础;隔墙不承受外来荷载,由楼板或小梁承担。墙体按构造方式,可分为实体墙、空体墙和组合墙。按施工方法分为块材墙、板筑墙和板材墙。

　　Revit 提供了基本墙、叠层墙、幕墙三个族。

　　(1)基本墙:可以创建墙体构造层次上下一致的简单内墙或外墙,在建模过程中使用频率比较高。

　　(2)叠层墙:当一面墙上下分成不同厚度,不同结构和材质时,可以采用叠层墙命令创建构件。

　　(3)幕墙:见"族"任务中单独描述。

　　打开 Revit 软件,新建建筑墙体,完成食堂项目内外墙体的创建。根据"1F 平面图""2F平面图""屋顶层平面图"可知内外墙构件的平面定位信息及内外墙的构件类型信息,±0.000以上墙体均为 200 mm 厚加气混凝土砌块。

9.1　创建建筑外墙项目

9.1.1　建立外墙

　　在"项目浏览器"中展开"楼层平面"视图类别,双击"1F"视图名称,进入"1F"楼层平面视图。单击"建筑"选项卡"构建"面板中的"墙"下拉菜单"墙:建筑"工具,如图 9.1 所示。单击"属性"面板中的"编辑类型",如图 9.2 所示。打开"类型属性"窗口,在"族(F)"的下拉菜单中选择"系统墙:基本墙",此时"类型(T)"列表中显示"基本墙"族中包含的族类型。在"类型(T)"列表中设置当前类型为"常规-200 mm",单击"复制"按钮,弹出"名称"窗口,输入"建筑外墙-200",如图9.3所示,单击"确定"按钮关闭窗口。

图 9.1　墙:建筑

图 9.2　编辑墙类型

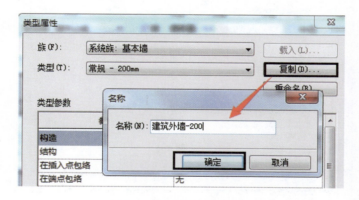

图 9.3　创建建筑外墙-200

9.1.2　建立材质

　　单击"结构"右侧"编辑"按钮,进入"编辑部件"窗口,修改"结构[1]""厚度"为"200",单击"结构[1]"材质单元格进入"材质浏览器"窗口,在上面搜索栏中输入"砌块"进行搜索,搜索到"混凝土砌块",右键单击"复制"生成新的材质类型,继续单击右键"重命名"为"加气混凝土砌块",如图9.4所示,单击"确定"按钮,退出"材质浏览器"窗口,再次单击"确定"按钮,退出"编辑部件"窗口。继续修改"功能"为"外部",如图9.5所示,再次单击"确定"按钮,退出"类型属性"窗口,属性信息修改完毕。

105

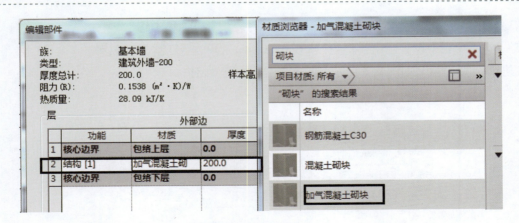

图 9.4　修改材质

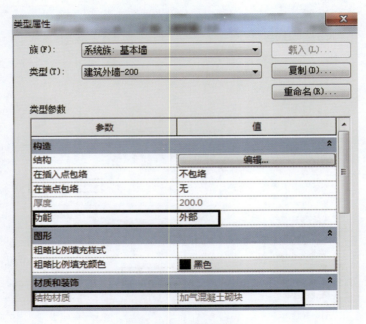

图 9.5　编辑类型属性

图 9.6　修改 | 放置墙

9.1.3　布置建筑外墙

根据"1F 平面图"布置 1F 墙构件,在"属性"面板中找到"建筑外墙-200",Revit 软件自动切换至"修改｜放置墙"上下文选项卡,单击"绘制"面板中的"直线",选项栏中设置"高度"为"2F",勾选"链"(链的意思是可以连续绘制墙),设置"偏移量"为"0",如图9.6所示。"属性"面板中设置"底部限制条件"为"1F","底部偏移"为"0.0","顶部约束"为"直到标高：2F","顶部偏移"为"0",如图9.7所示。

9.1.4　使用过滤器

为绘制墙体方便,暂时将1F除"轴网、柱"外的其他构件隐藏。框选1F所有构件,自动切换至"修改｜选择多个"上下文选项卡,单击"选择"面板中"过滤器"工具,打开"过滤器"窗口,取消"轴网、柱"类别的勾选,如图9.8所示。单击"确定"按钮,退出"过滤器"窗口。

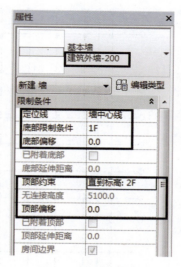

图9.7　修改外墙属性

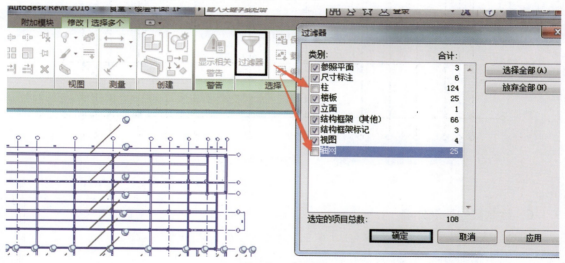

图9.8　过滤器

9.1.5　隐藏图元

单击"视图控制栏"中"临时隐藏/隔离"中的"隐藏图元"工具,此时绘图区域只剩下轴网和柱图元,如图9.9和图9.10所示。

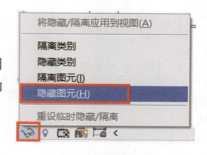

图9.9　隐藏图元

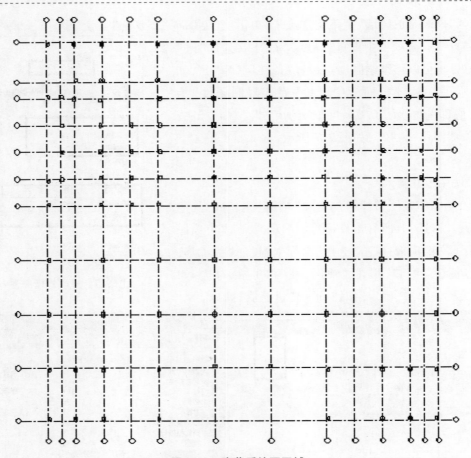

图 9.10 隐藏后绘图区域

9.1.6 绘制其他建筑外墙

适当放大视图,鼠标移动到 1 轴与 A 轴交点位置,单击左键作为墙体起点,向上移动鼠标,Revit 软件在起点与鼠标当前位置显示预览图,如 9.11 所示。单击 1 轴与 F 轴交点位置,作为第一段墙的终点。按照"1F 平面图"完成其他建筑外墙的绘制。

9.1.7 精确修改外墙位置

单击"修改"选项卡"修改-对齐 "工具,依据"1F 平面图"中墙体精确位置,对刚绘制的墙体进行位置修改,对齐 F—K 轴与 2 轴位置的墙体,使 F—K 轴与 2 轴位置的墙左侧边线与柱子左侧边线对齐。单击"对齐"按钮,单击柱子左侧边线,单击 F—K 轴与 2 轴位置墙左侧边线,完成对齐操作,如图 9.12 所示。

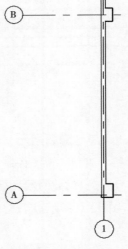

图 9.11 墙体绘制

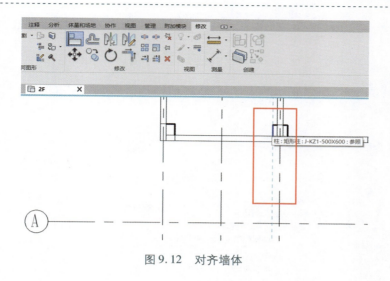

图 9.12 对齐墙体

9.1.8 取消墙体关联

当发生对齐墙体会影响到其他墙体位置变动时,单击该墙体,出现两端各一个蓝色小圆点,单击右键选择"不允许连接",墙体间即刻取消了关联关系,再次单击"对齐"即可,如图 9.13 所示。按照上述方法操作,完成 1F 外墙对齐操作。

图 9.13 不允许连接命令

9.2　创建建筑内墙

继续绘制 1F 内墙，如图 9.14 所示，并进行精确位置修改。绘制后的 1F 全部墙体如图 9.15 所示。

图 9.14　内墙属性

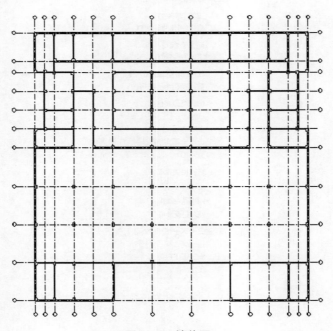

图 9.15　墙体图

9.3　墙体三维视图

单击"快速访问栏"中三维视图按钮,切换到三维,查看模型成果,由于楼板遮住了墙体,选择"属性"中的"三维视图"下拉菜单"范围 | 剖面框",打钩"√",出现上截面的上下箭头,点击箭头向下拉伸至合适位置,形成剖开的三维视图,如图 9.16 所示。

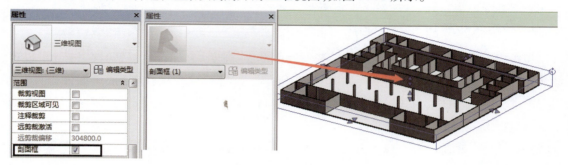

图 9.16　墙体三维视图

9.4　创建女儿墙

女儿墙是建筑物屋顶外围的矮墙,会在底处施作防水压砖收头,以避免防水层渗水,或屋顶雨水漫流。上人屋面的女儿墙作用是保护人员安全并对建筑立面起装饰作用,不上人屋面的女儿墙除立面装饰作用外,还固定油毡。

女儿墙在 Revit 软件中,创建方法与内外墙类似。

9.4.1　创建女儿墙类型

单击"建筑"选项卡中"构建"面板中的"墙:建筑"工具,单击"属性"面板中的"编辑类型",打开"类型属性"窗口,在"族(F)"后面的下拉小三角中选择"系统族:基本墙",此时"类型(T)"列表中显示"基本墙"族中包含的族类型。在"类型(T)"列表中设置当前类型为"建筑外墙-

图 9.17　创建女儿墙-200

200",单击"复制"按钮,弹出"名称"窗口,输入"女儿墙-200",如图 9.17 所示,单击"确定"按钮并关闭窗口。再次单击"确定"按钮,关闭"类型属性"窗口。

9.4.2 布置女儿墙

根据女儿墙构造柱为 200 mm×200 mm 可知,女儿墙为 200 mm 厚,图纸中显示,女儿墙顶部设置圈梁 QL1 尺寸为 200 mm×200 mm,由于女儿墙底部标高为 9.2 m,顶部标高为 11.7 m,减去 QL1 的高度 200 mm,则女儿墙顶部高度为 11.5 m,根据建施图可知女儿墙的平面布置位置。

1)设置女儿墙高度

单击"绘制"面板中的"直线"工具,选项栏中设置"高度"为"屋顶层",勾选"链"(可以连续绘制墙),设置"偏移量"为"0",如图 9.18 所示。"属性"面板中设置"底部限制条件"为"屋顶层","底部偏移"为"0","顶部约束"为"直到标高:屋顶层","顶部偏移"为"1300",如图 9.19 所示。

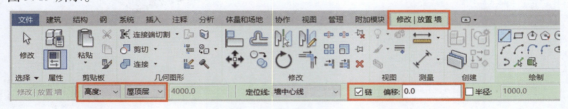

图 9.18 修改│放置 墙

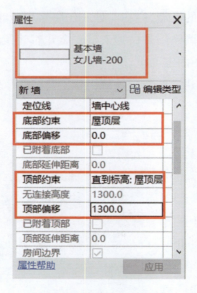

图 9.19 修改女儿墙属性

2)绘制女儿墙

适当放大区域,移动鼠标指针到轴线 1 与 A 的交点位置,单击该点作为女儿墙绘制的起

点,移动鼠标指针到 1 与 F 的交点位置,单击该点作为女儿墙绘制的终点。完成后按两次 Esc
键退出女儿墙绘制模式。按照"屋顶层平面图"进行其他女儿墙的绘制,绘制完成后如
图 9.20 所示。

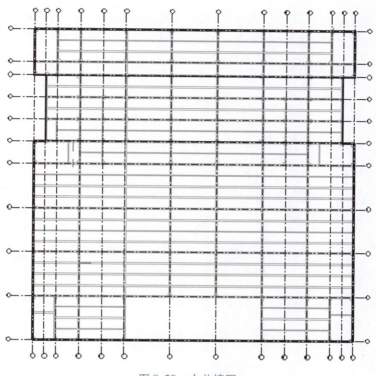

图 9.20　女儿墙图

单击"快速访问栏"中三维视图按钮,切换到三维,查看模型成果,墙体三维视图如
图 9.21 所示。

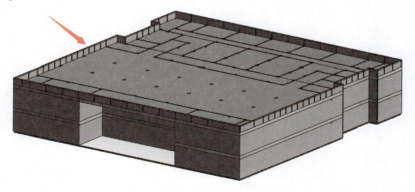

图 9.21　墙体三维视图

课后练习

　　按图 9.22 所示,新建建筑项目文件,创建如下墙类型:以标高 1 到标高 2 为墙高,创建半径为 5 000 mm(以墙核心层内侧为基准)的圆形墙体。最终结果以"墙体"为文件名保存在练习题文件夹中。

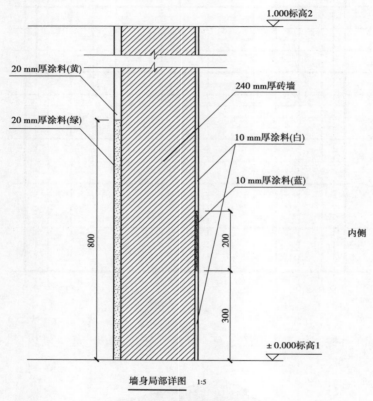

墙身局部详图　1:5

图 9.22　墙身局部详图 1:5

任务 10　绘制楼梯

任务清单

1.学习楼梯相关构造和建模知识,练习"建筑—楼梯"命令的使用。

2.练习调整视图深度、建立楼梯构件类型、修改楼梯中间平台轮廓、完成楼梯初始模型、修改栏杆。

3.独立完成课后楼梯建模习题,生成楼梯模型文件,并保存在文件夹中。

建筑物的竖向交通设施有楼梯、电梯、自动扶梯、台阶、坡道、爬梯等。其中,楼梯使用最为广泛,同时也是人流紧急疏散的通道。楼梯一般由梯段、平台、栏杆扶手三部分组成。楼梯形式多种多样,设计时综合考虑因素有:所处位置、形状与大小、层高与层数、人流多少与缓急等。楼梯形式根据它的行进方向及一个楼层中梯段数量(梯跑数量)来命名,主要分为直行单跑楼梯、直行多跑楼梯、平行多跑楼梯、平行双分双合楼梯、折行多跑楼梯、交叉跑楼梯、螺旋楼梯、弧形楼梯。

Revit 软件中,楼梯属于系统族,楼梯分为"楼梯(按构件)""楼梯(按草图)"两种。下面以食堂为例,讲解使用"楼梯(按草图)"创建项目双跑楼梯的操作步骤。

打开 Revit 软件,根据提供的食堂图纸,完成食堂楼梯的创建。本项目 1F 共有 6 部楼梯,尺寸相同只是位置和方向有区别,具体讲解在 1—3 轴线与 A—B 轴线围成区域的一部楼梯。

10.1　设置楼层视图范围

设置楼层视图范围,如图 10.1 所示。

图 10.1　设置楼层视图范围

10.2 楼梯定位

首先添加 1—3 轴线与 A—B 轴线间的楼梯,建立楼梯需要进行以下几步:进行楼梯定位;建立楼梯构件;布置楼梯;修剪完善楼梯。

在图纸中一层平面图进行楼梯定位。在"项目浏览器"中展开"楼层平面"视图类别,双击"1F"视图名称,进入"1F"楼层平面视图。

单击"建筑"选项卡"工作平面"面板中的"修改|放置 参照平面"工具,绘制方式选择"拾取线",选项卡中"偏移量"设置为"100",如图 10.2 所示。缩放区域,鼠标放在 1 号轴线位置,右侧显示绿色的参照线后,左键点击 1 号轴线,参照平面绘制完毕,按 Esc 键两次退出操作命令。点选刚才绘制的参照平面,在"属性"面板名称"名称"位置输入"1",如图 10.3 所示。

图 10.2 建立参照平面

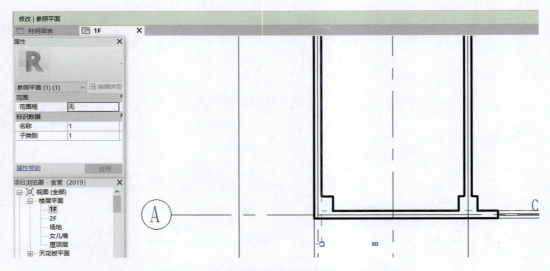

图 10.3 命名参照平面

再次使用"修改|放置 参照平面"工具,绘制方式选择"拾取线",选项栏中"偏移量"设置为"900"。缩放区域,鼠标放在 1 参照平面上,右侧显示绿色的参照线后,单击"1 参照平面",生成新的参照平面命名为"2"。如图 10.4 所示进行参照平面设置。

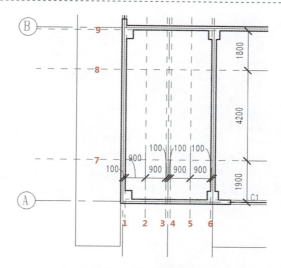

图 10.4　参照平面示意图

　　按照上述操作,建立其他的楼梯定位参照平面,命名以此类推。完成后,使用"注释"选项卡"尺寸标注"面板中的"对齐"工具,进行尺寸标注后与"1F 平面图"一致。

10.3　建立楼梯构件

　　根据建筑施工图建立楼梯构件。单击"建筑"选项卡"楼梯坡道"面板中"楼梯"下拉中的"楼梯(按草图)"工具(图 10.5);单击"属性"面板中的"编辑类型",打开"类型属性"窗口,选择"类型(T)"为"整体式楼梯",单击"复制"按钮,弹出"名称"窗口,输入"食堂楼梯",如图 10.6 所示,单击"确定"按钮关闭窗口。

图 10.5　建立楼梯构件(按草图)

　　修改"最小踏板深度"为"300";修改"最大踢面高度"为"170",如图 10.7 所示;修改"功能"为"外部",修改"整体式材质"为"混凝土-现场浇注混凝土 C35",单击"确定"按钮,退出"类型属性"窗口。

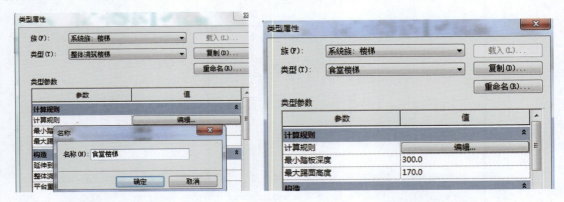

图 10.6　建立楼梯类型　　　　　　　　　　　图 10.7　编辑楼梯类型属性

修改楼梯参数类型，修改"属性"面板中"底部高度"为"1F"，"顶部标高"为"2F"，修改"宽度"为"1 800"。根据前面类型参数中已经设置的"最大踢面高度"和楼梯的"底部高度"和"顶部标高"数值，可自动计算所需的踏面数为"30"，如图 10.8 所示，按 Enter 键确认，启用设置。

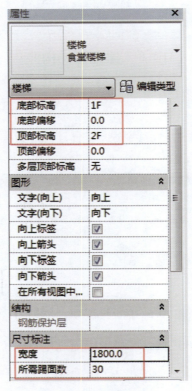

图 10.8　编辑楼梯参数

10.4　布置楼梯

选择"修改|创建 楼梯草图"上下文选项卡"绘制"面板中"梯段"下的绘制方式为"直线"。移动鼠标至 7 与 5 参照平面交点位置处,单击作为梯段起点 1,沿垂直方向向上移动鼠标。在 8 与 5 参照平面交点位置点击 2,单击完成第一梯段;向左移动鼠标指针到 2 与 8 参照平面交点位置点击 3,作为第二梯段的起点,沿垂直方向向下移动鼠标指针,点击 2 与 7 参照平面交点位置点击 4,完成第二梯段,如图 10.9 所示。单击"工具"面板中的"栏杆扶手",弹出"栏杆扶手"窗口,在扶手类型列表中选择"1 100 mm",单击"确定"按钮退出窗口,此时的梯段如图 10.10 所示。

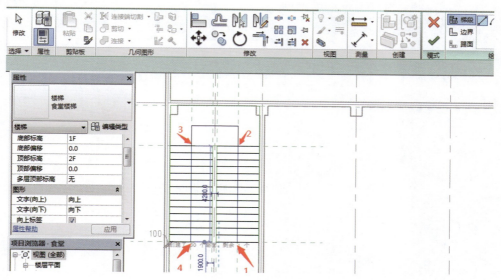

图 10.9　绘制楼梯

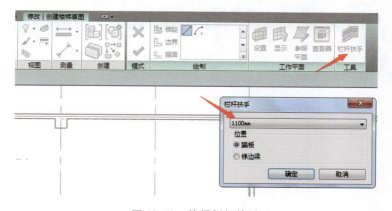

图 10.10　编辑栏杆扶手

10.5 绘制楼梯中间平台

选择中间平台楼梯边界线,修改边界线至柱墙边。

选择"绘制"面板中的"边界"下的绘制方式为"拾取线",沿着柱边位置拾取,如图 10.11 中箭头所示线条,绘制完成后使用"修改"面板中的"修剪/延伸为角"工具修剪边界线,使其首尾相连,如图 10.12 所示。

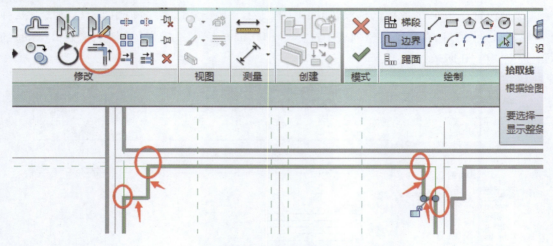

图 10.11 建立楼梯楼板轮廓

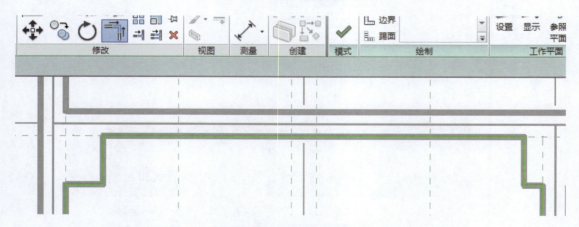

图 10.12 修改后楼梯楼板轮廓

10.6 完成楼梯模型

单击"模式"面板中的绿色"√"工具,弹出如图 10.13 所示警告窗口,单击右上角"×"号关闭即可。

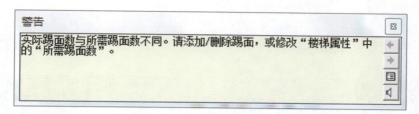

图 10.13　警告

单击"快速访问栏"中三维视图按钮,切换到三维,查看模型成果。单击空白位置,进入"属性"下"三维视图",在"剖面框"打"√",单击左右箭头,如图 10.14 所示,调整到合适位置,即可看见楼梯三维图。

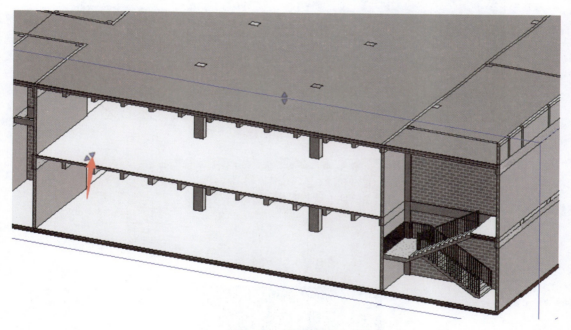

图 10.14　调整剖面框

10.7　修改栏杆

从建筑平面图可知,楼梯外围有墙体无栏杆,因此选择将刚刚绘制的楼梯外围栏杆删除,如图 10.15 所示。

回到楼层平面 2F,选择"楼板 | 楼梯坡道 | 栏杆扶手"将楼板边防护栏杆用"绘制路径"(图 10.16)进行绘制。楼梯完成三维图如图 10.17 所示。

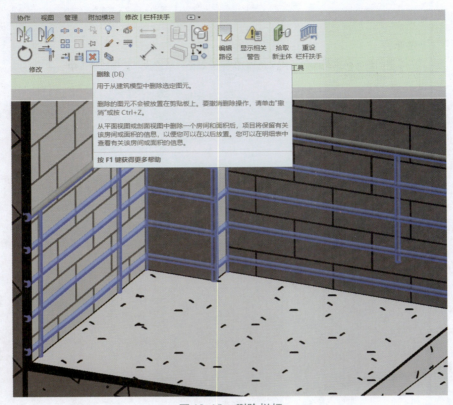

图 10.15　删除栏杆

图 10.16　绘制路径

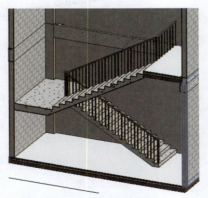

图 10.17　楼梯三维图

10.8　布置其他楼梯

为了提高建模效率,可将刚绘制 A—B 轴线和 1—3 轴线之间的楼梯,使用工具"修改"选项卡"复制"工具(因柱子尺寸不一致,需修改复制过来的楼梯)。单击楼梯,进入"修改｜楼梯"命令栏,单击"编辑草图"即可修改(图 10.18),修改完成后单击"√"即生成最新的楼梯模型。

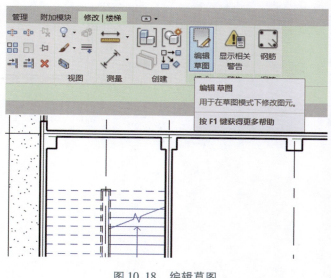

图 10.18　编辑草图

单击"快速访问栏"中保存按钮,保存当前项目成果。

课后练习

根据图 10.19 所示的楼梯平面图、剖面图,创建楼梯模型,并参照题中平面图在所示位置建立楼梯剖面模型,栏杆高度为 1 100 mm,栏杆样式不限,成果以"楼梯"为文件名保存,其他建模所需尺寸可参考给定的平、剖面图自定。

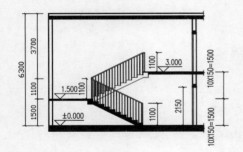

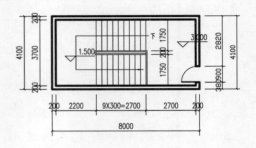

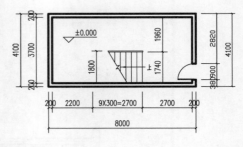

图 10.19　楼梯平面图、剖面图

任务 11　绘制其他建筑构件——散水

任务清单

1. 学习散水构造和建模相关知识,练习使用轮廓族创建散水的操作方法。

2. 练习创建公制轮廓、绘制轮廓线、放置散水、修改散水材质、修改散水转角,生成散水模型文件,并保存在文件夹中。

3. 练习用板绘制散水,然后进行坡度设定即可完成建模,生成散水模型文件,并保存在文件夹中。

散水是为了保护墙面不受雨水侵蚀,常在外墙四周将地面做成向外倾斜的坡面,以便将屋面的雨水排至远处,这是保护房屋基础的有效措施之一。散水应设不小于3%的排水坡,宽度为 0.6~1.0 m。

11.1　创建公制轮廓—散水

单击"应用程序菜单"按钮,在列表中选择"新建-族"选项,以"公制轮廓.rft"族样板文件进行编辑,如图 11.1 所示。

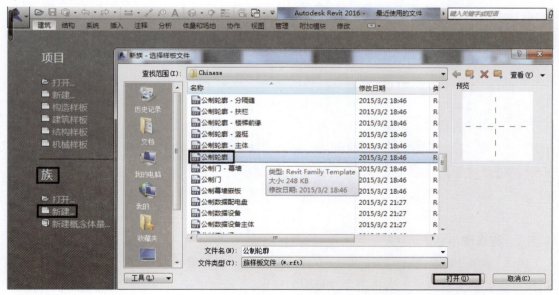

图 11.1　创建公制轮廓

11.2　绘制轮廓线

单击"创建"选项卡"详图"面板中的"直线"工具,参照图 11.2 所示尺寸绘制首尾相连且连续封闭的散水截面轮廓。单击"保存"按钮,将该族命名为"室外散水",文件保存至桌面学生文件夹中。单击"族编辑器"面板中的"载入到项目中"按钮,将轮廓族载入"食堂"项目中。

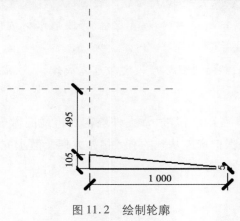

图 11.2　绘制轮廓

11.3　放置散水

11.3.1　修改散水材质

单击"快速访问栏"中三维视图按钮,切换到三维视图,Shift 键+鼠标滚轮旋转到模型合适位置,在三维状态下布置散水构件。单击"建筑"选项卡"构建"面板中的"墙"下拉菜单"墙:饰条"工具(图 11.3),点击"属性"面板中的"编辑类型",打开"类型属性"窗口,单击"复制"按钮,弹出"名称"窗口,输入"室外散水",单击"确定"按钮关闭窗口。勾选"被插入对象剪切"选项(即当墙饰条遇到门窗洞口位置时自动被窗口打断),修改"轮廓"为"室外散水",修改材质为"现场浇注混凝土−C15",如图 11.4 所示,单击"确定"按钮,退出"类型属性"窗口。

11.3.2　放置散水

确认"放置"面板中墙饰条的生成方式为"水平",在三维视图中,分别单击外墙底部边缘,拾取墙底部生成散水。选择需修改延伸的散水,点击散水一端的末端蓝色端点,进行拖曳调整。如图 11.5 所示为放置完成的散水。

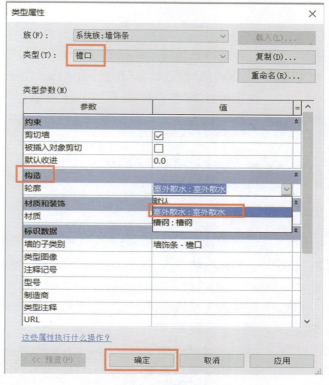

图 11.3　墙:饰条

图 11.4　编辑类型属性

图 11.5　散水

11.3.3 修改散水转角

修剪散水转角。将两段散水相交位置进行处理,选择其中一段散水,切换至"修改 | 墙饰条",单击"墙饰条"面板中的"修改转角"按钮,确认选项栏中的"转角选项"为"转角","角度值"为"90",此时"修改转角"按钮会灰显,如图 11.6 所示。

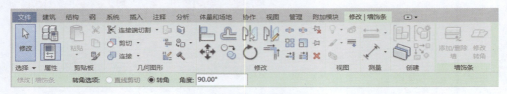

图 11.6　修改 | 墙饰条

单击选择散水的末端截面。软件将修改所选择截面为 90°转角。按 Esc 键两次退出修改转角状态。再次选择另外一侧散水,按住并拖动一端的末端蓝色端点,直到与另外一侧散水相交,退出修改墙饰条状态。单击"修改"选项卡"几何图形"面板中"连接"下的"连接几何图形"工具,分别单击刚刚相交的两段散水构件,对散水模型进行运算,生成完整的散水模型,如图 11.7 所示。

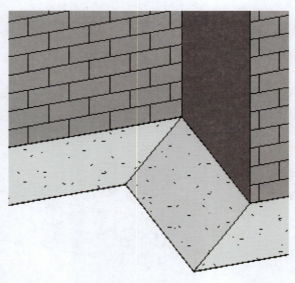

图 11.7　转角散水

按照上述步骤将其他位置的散水布置完成后,回到"1F"楼层平面视图,无法看到散水构件,点击"属性"面板中"视图范围"右侧的"编辑"按钮,打开"视图范围"窗口,在"底(B)"后面"偏移量(F)"处输入"−300",在"标高(L)"后面"偏移量(S)"处输入"−300",如图 11.8所示,单击"确定"按钮,关闭窗口。

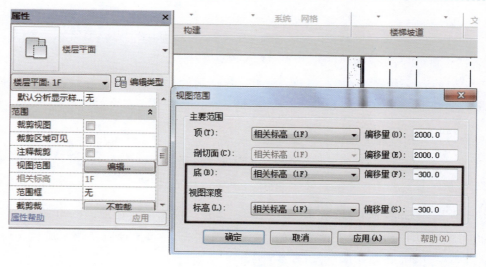

图11.8 视图范围

单击"快速访问栏"中保存按钮,保存当前项目成果。

任务 12　绘制场地

任务清单

1. 学习场地建模相关知识和方法,练习"体量和场地"命令的使用。

2. 练习添加地形表面,创建场地道路,添加场地构件。

3. 参照以上方法进行美化和设计,创建更丰富的场地模型。

场地是指工程群体所在地,在 Revit 中,场地指建筑模型的所在地。Revit 提供了多种工具,可以布置场地平面。从绘制地面开始,添加建筑红线、建筑地坪以及停车场和场地构件,从而创建三维视图或渲染视图,以提供更真实的演示效果。

12.1　添加地形表面

地形表面是场地设计的基础,而创建地形表面后,可以沿建筑轮廓创建建筑地坪。平整场地表面,从而形成平整的场地效果。在 Revit 中,可以通过手动设置点的方式生成地形表面,也可以通过导入数据的方式创建地形表面。本文介绍通过放置点的方式生成地形表面。

切换至 1F 楼层平面视图,单击"体量和场地"面板中的"场地建模｜地形表面"工具(图 12.1),自动切换至"修改｜编辑表面"上下文选项卡,单击工具面板中的"放置点"工具,设置选项栏中的"高程"为"−500",高程形式为"绝对高程",如图 12.2 所示。

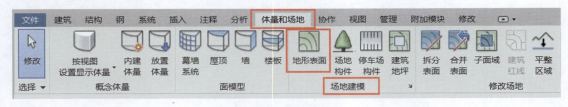

图 12.1　场地建模

图 12.2　放置点

在项目周围的适当位置(左上角、右上角、右下角和左下角位置)连续点击,放置高程点,此时鼠标为十字花形,连续按 Esc 键两次退出放置高程点的状态,鼠标变为三角箭头形状。

单击"属性"面板中"材质"选项右侧的"浏览"按钮,打开"材质浏览器"对话框。选择"土壤-自然"并复制为"食堂-自然土壤",将其指定给地形表面,如图 12.3 所示。

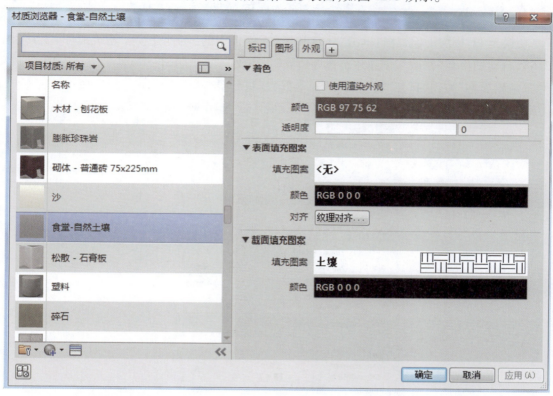

图 12.3　材质浏览器

　　单击"表面"面板中的"完成表面√"按钮,完成地形表面的创建。切换至三维视图,如图 12.4 所示。

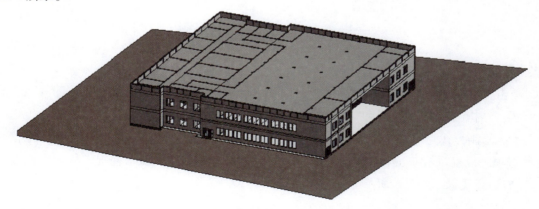

图 12.4　地形表面三维图

12.2 添加建筑地坪

切换至 1F 楼层平面视图,单击"体量和场地"面板中的"场地建模│建筑地坪"工具(图12.5),自动切换至"修改│创建建筑地坪边界"上下文选项卡,单击"属性"工具,设置选项栏中的"编辑类型"按钮,打开"类型属性"对话框,复制类型为"食堂地坪",如图 12.6 所示。

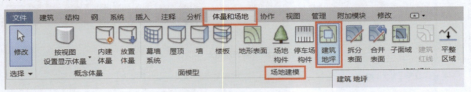

图 12.5 建筑地坪

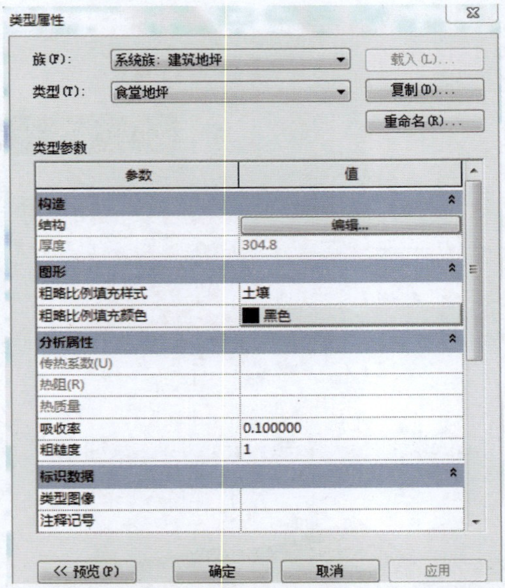

图 12.6 食堂地坪类型属性

单击"结构"参数右侧的"编辑"按钮,打开"编辑部件"对话框,删除结构以外的其他功能层,设置"结构[1]"的"材质"和"厚度"参数,如图 12.7 所示。

确定绘制方式为"拾取墙"工具,设置选项栏中"偏移"为"0",启用"延伸到墙中(至核心层)"选项。设置"属性"面板中的"自标高的高度偏移"选项为"−150",捕捉墙体内侧位置单击,生成边界线,如图 12.8 所示。

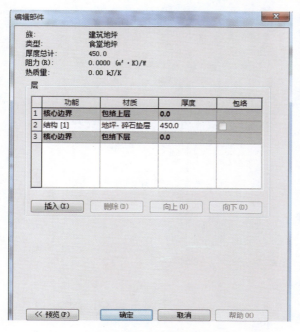

图 12.7　食堂地坪材质

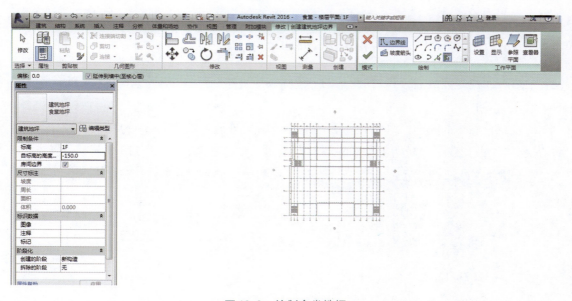

图 12.8　绘制食堂地坪

　　配合"修改"面板中的"修剪/延伸为角"工具,将生成的边界线进行封闭操作,使其成为闭合的边界线,如图 12.9 所示。

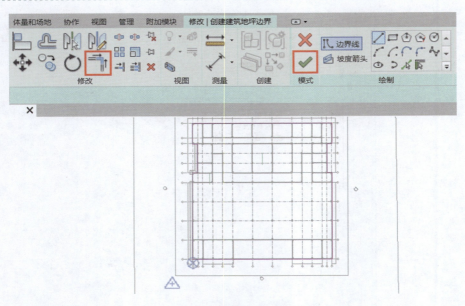

图 12.9　修改食堂地坪

单击"模式"面板中的"完成编辑模式"按钮,完成地坪边界线的创建。

12.3　创建场地道路

地形表面建立完成后,可以在此基础上建立场地道路,并且添加场地构件,从而形成完整的场地效果。

切换至首层平面视图,单击"体量和场地"选项卡"修改场地"面板中的"子面域"工具,自动切换至"修剪创建子面域边界"上下文选项卡,进入创建状态,如图 12.10 所示。

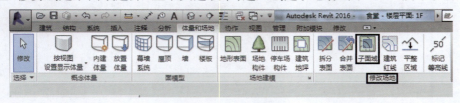

图 12.10　创建场地道路

确定绘制方式为"矩形"工具,按照尺寸绘制子面域边界,配合使用"修改"面板中的"拆分"和"修剪"工具,使子面域边界轮廓首尾相连。单击"模式"面板中的"完成编辑模式"按钮,选择创建完成的子面域,然后单击"属性"面板中"材质"选项右侧的"浏览"按钮,设置该选项为"沥青"材质,然后单击"确定"按钮,完成道路的创建,如图 12.11 所示。

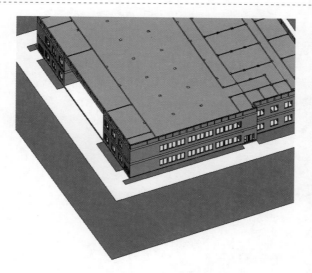

图 12.11　场地道路三维图

12.4　添加场地构件

Revit 提供了"场地构件"工具,可以为场地添加树木、人物、停车场、设备等场地构件,这些构件都需要依赖载入的构件族来完善和丰富场地模型。

切换至 1F 楼层平面视图,单击"体量和场地"选项卡"场地建模"面板中的"场地构件"工具,在弹出的"属性"对话框中选择对应的构件名称后,在场地中添加即可,如图 12.12 所示。

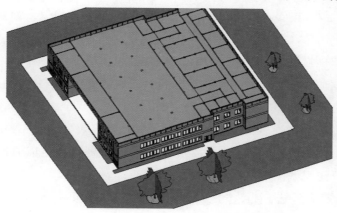

图 12.12　场地构件三维图

还可通过上下文选项卡"修改/场地构件"的模式面板中的"载入族"按钮,将创建的构件族导入当前项目中,在适当的位置放置即可。

单击"快速访问栏"中保存按钮,保存当前项目成果。

模块 4 出 图

任务 13 Revit 建筑施工图设计

任务清单

1. 掌握图形属性设置和明细表生成操作,自选楼层平面图进行"门窗表"生成练习。
2. 完成"食堂"BIM 模型 1F、2F 平面图尺寸标注。
3. 为"食堂"2F 平面图添加 2 个平面高程符号。

13.1 建筑平面图

13.1.1 属性设置

Revit 同众多 BIM 建模软件一样,可以多视图调用。针对平面出图,只要模型完整,大体思路是调用需要的视图,按要求生成图纸,再直接出图即可。下面就平面视图的各种设置作简要介绍。

在界面左侧的"项目浏览器"中直接点击调用需要的楼层视图(图 13.1),主视图框中会出现调用的楼层平面图,与此同时,"项目浏览器"上方的"属性"面板会变换为本楼层平面图的属性内容,包括图形、底图、文字、范围、标识数据、阶段化 6 个下拉菜单,如图 13.2 所示。其中,"图形"下拉菜单中的许多属性控制模型输出时的外观效果(图 13.3)。

(1)视图比例:Revit 中的视图比例可以从下拉列表中选择,也可以通过"自定义"输入另外的比例,但是建议使用下拉列表中提供的常用比例。

(2)显示模型:默认情况下视图会以"标准"的现实模式显示所有模型。当该选项调整为"半色调"时,平面视图中的模型构建图元将会呈现灰色调,详图图元、门窗标记、尺寸标记、文字、符号等还是正常显示,如图 13.4 所示。

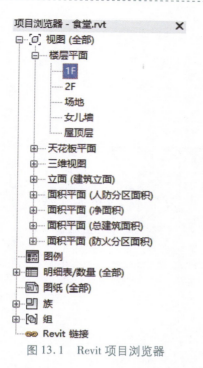

图 13.1　Revit 项目浏览器

图 13.2　1F 平面图属性面板

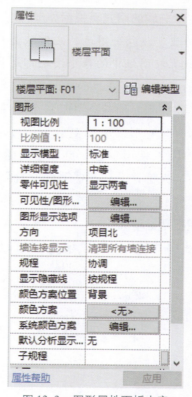

图 13.3　图形属性面板内容

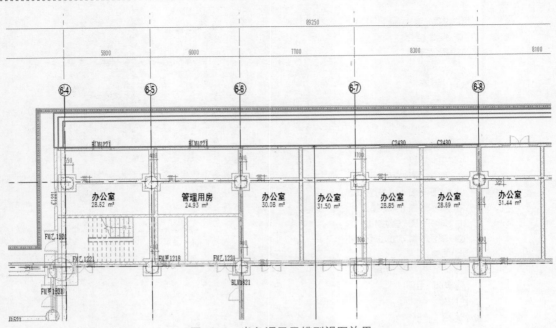

图 13.4　半色调显示模型视图效果

（3）详细程度：详细程度分为"精细""粗略""中等"，墙、楼板、屋顶的构造层只在"中等"和"精细"设置下显示在项目中；部分族的图元会根据详细程度变化。

注意：Revit 中的图元也称为族。族包含图元的几何定义和图元所使用的参数。图元的每个实例都由族定义和控制。放置在图纸中的每个图元都是某个族类型的一个实例。图元有 2 组用来控制其外观和行为的属性：类型属性和实例属性。

（4）零件可见性：可见性设置为"显示原状态"时，各个零件不可见，但可用来创建零件的图元可见，且可被选择。当"创建部件"工具处于激活状态时，原始图元将不可选择，需进一步分解原始图元，再选择其中一个零件，使用"编辑分区"进行编辑。当此属性设置为"显示零件"时，各个零件在视图中可见，当光标移动到这些零件上时会高亮显示，从中创建零件的原始图元不可见且无法高亮显示，也不能被选择。若此属性设置为"显示两者"，零件和原始图元均可见，且能够单独被选择和高亮显示。

（5）可见性/图形替换：如图 13.5 所示，单击"编辑"按钮，软件会弹出"楼层平面：F01 的可见性/图形替换"对话框，再根据需要做相应修改设置。

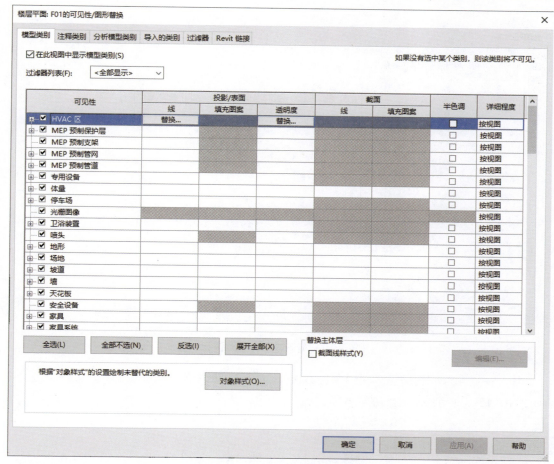

图 13.5　可见性/图形替换对话框

（6）图形显示选项：单击后面的"编辑"按钮，Revit 弹出包含模型显示、阴影、勾绘线、深度提示、照明、摄影曝光 6 个下拉菜单的"图形显示选项"对话框，如图 13.6 所示。要控制模型导出视图是否显示边线、是否填充材质、环境光如何等，都在这个对话框的命令面板中设置。

（7）规程：给项目指定视图的规程，包括"建筑""结构"（选择结构时非承重墙将会被隐藏）、"机械""电气""卫浴""协调"。其中，"协调"选项兼具"建筑"和"结构"的功能。

（8）显示隐藏线：下拉列表中可选择"按规程""全部""无"对项目进行设置。

（9）颜色方案：若还未选择颜色方案，次项会显示"<无>"（图 13.7），单击该按钮会弹出"编辑颜色方案"

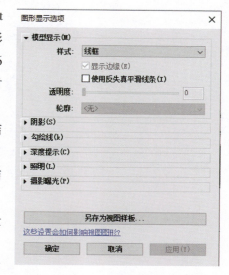

图 13.6　图形显示选项对话框

的对话框。

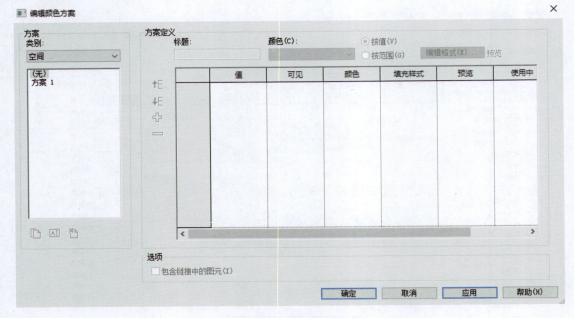

图 13.7　编辑颜色方案对话框

（10）系统颜色方案：单击"编辑颜色方案"对话框中的"编辑"按钮，会弹出"颜色方案"对话框，如图 13.8 所示，可依次编辑各类图线的颜色方案。

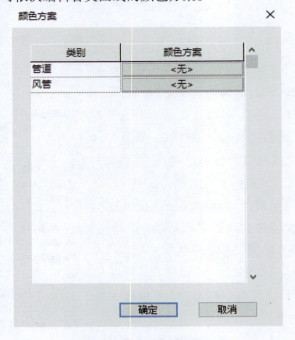

图 13.8　颜色方案对话框

（11）默认分析显示样式：单击此项框内会出现"…"按钮，单击该按钮弹出有"设置""颜色""图例"三个选项卡的"分析显示样式"对话框，如图 13.9 所示，可以在此调整可见图元的视图样式。

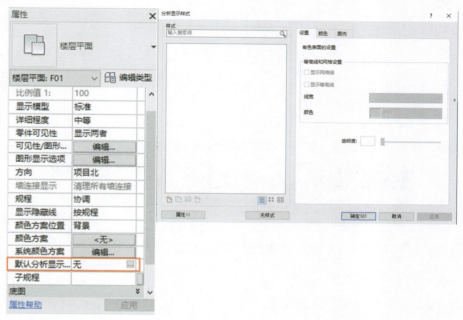

图 13.9　分析显示样式对话框

13.1.2　平面符号

1）指北针

（1）打开项目文件，调出首层平面图，切换至"插入"选项卡，在"从库中载入"面板中点击"载入族"，如图 13.10 所示。

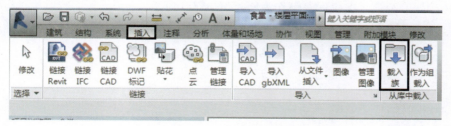

图 13.10　载入族创建指北针

（2）在"载入族"对话框中找到需要的指北针图样，单击"打开"。

（3）切换至"注释"选项卡，在"符号"面板中单击"符号"命令，如图 13.11 所示，Revit 切换至"修改|放置符号"选项卡。

图 13.11　修改|放置符号选项卡设置

（4）在"符号"属性界面的"类型选择器"中选择"指北针"，光标将会带着选定的指北针图样，选择合适的位置放置好。

2）添加高程点

（1）单击"注释"—"尺寸标注"—"高程点"，如图 13.12 所示。

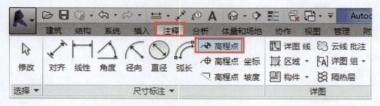

图 13.12　创建高程点命令

（2）Revit 会切换至"修改|放置尺寸标注"选项卡，勾选"引线""水平线"，选择"显示高程"为"实际（选定）高程"，如图 13.13 所示。

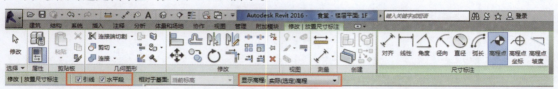

图 13.13　创建高程点设置

（3）移动光标至视图中需要放置高程的位置，单击一次鼠标左键作为起点，再水平向右拉到合适的位置，单击第二次鼠标左键作为终点（图 13.14）。

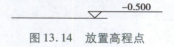

图 13.14　放置高程点

13.1.3　尺寸标注

1）总尺寸（第一道尺寸）——线性尺寸标注

（1）单击"注释"—"尺寸标注"—"对齐"，如图 13.15 所示。

图 13.15 总尺寸标注命令

（2）"修改|放置尺寸标注"命令条设置为"参照墙面"，"拾取"设置为"单个参照点"，如图 13.16 所示。

图 13.16 总尺寸标注设置

（3）将光标移动至外墙最外边线，墙线变为蓝色点说明拾取成功，如图 13.17 所示。单击鼠标左键 Revit 会出现标注界线，再将光标移至另一外墙的外侧边线，墙线变为蓝色，单击鼠标左键，出现标注界线，最后向平面图外移动光标至适当位置放置好标注，如图 13.18 所示。

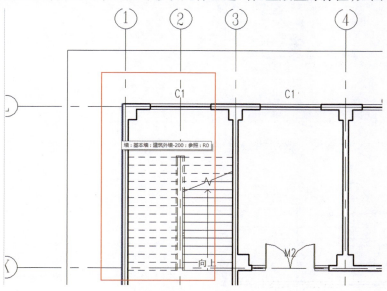

图 13.17 拾取墙线

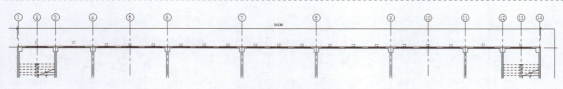

图 13.18　放置总尺寸

2）轴线尺寸（第二道尺寸）——对齐标注（逐点标注）

（1）单击"注释"—"尺寸标注"—"对齐"（图 13.19）。

图 13.19　轴线尺寸标注命令

（2）"修改|放置尺寸标注"命令条设置为"参照墙中心线"，"拾取"设置为"单个参照点"，如图 13.20 所示。

图 13.20　轴线尺寸标注设置

（3）将鼠标放置在轴网的参照点上，对应轴线变为蓝色，说明拾取成功（图 13.21），按顺序依次点击，轴网之间的尺寸数据便会显示，将鼠标外移至合适的地方放置尺寸，如图 13.22 所示。

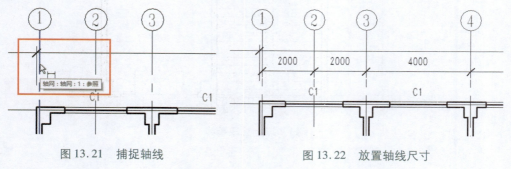

图 13.21　捕捉轴线　　　　　　　　图 13.22　放置轴线尺寸

3）细部尺寸（第三道尺寸）——自动对齐尺寸标注

（1）单击"注释"—"尺寸标注"—"对齐"。

（2）"修改 | 放置尺寸标注"命令条设置为"参照墙中心线"，"拾取"设置为"整个墙"，如图 13.23 所示。

图 13.23　细部尺寸标注设置

（3）单击"修改 | 放置尺寸标注"命令条右侧的"选项"按钮，Revit 弹出"自动尺寸标注选项"对话框，如图 13.24 所示，勾选"洞口"和"相交轴网"，"洞口"选择"宽度"，最后单击"确定"。

（4）将光标移至需要标注的外墙，墙体会变为蓝色，说明拾取成功，如图 13.25 所示，单击左键会出现自动标注的尺寸，将标注外移至合适的位置单击放置好，如图 13.26 所示。

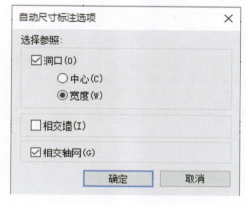

图 13.24　自动尺寸标注设置

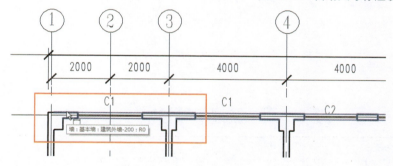

图 13.25　墙体拾取

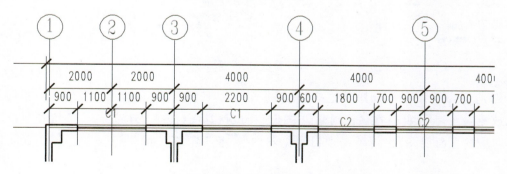

图 13.26　放置细部尺寸

13.2　立面图

在 Revit 创建模型的过程中,立面视图是默认样板的一部分,使用默认样板创建项目,将包含东、南、西、北 4 个立面视图;反过来,立面视图中的每一条标高线都对应一个平面视图。创建立面图的步骤如下:

(1)打开项目文件,切换至"视图"选项卡,单击"创建"面板中"立面"之下的"立面"(图13.27),鼠标光标会变成一个立面符号图形,如图 13.28 所示;Revit 会出现"修改|立面"选项卡(图 13.29),勾选"附着到轴网"。

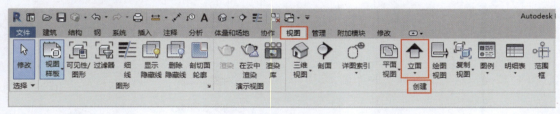

图 13.27　创建立面图命令

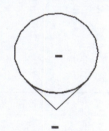

图 13.28　创建立面光标符号

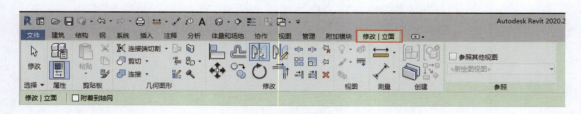

图 13.29　修改|立面选项卡设置

(2)在立面工具的"属性"中选择"建筑立面"(图 13.30),将鼠标移动放置在墙附近并单击以放置立面符号,此时在项目浏览器中便已生成该立面(图 13.31)。双击立面符号可切换至其对应的立面视图,也可单击项目浏览器中"立面(建筑立面)"目录下的各个立面切换视图。

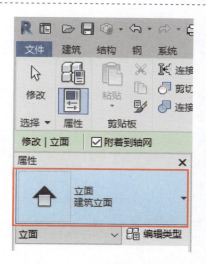

图 13.30　创建建筑立面

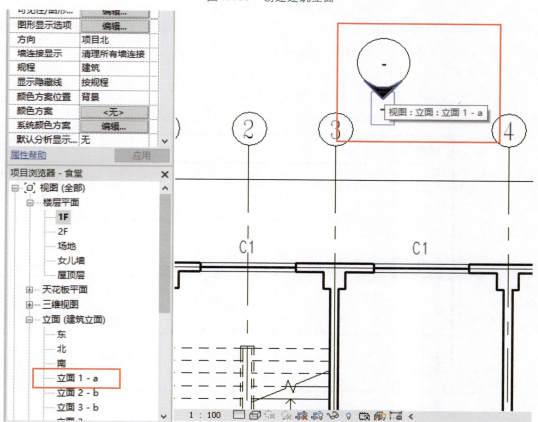

图 13.31　放置建筑立面符号

13.3　剖面图

（1）从"项目浏览器"中调出"1F"平面图，单击"视图"—"创建"—"剖面"，如图 13.32 所示。光标由三角箭头变为十字花形。

图 13.32　创建剖面图命令

（2）在需要剖切的位置两侧各单击鼠标左键一次，即为生成剖切符号，如图 13.33 所示。与此同时，"项目浏览器"中生成"剖面（建筑剖面）—剖面 1"（图 13.34）。光标移至"项目浏览器"中的"剖面 1"，单击鼠标右键，选择"重命名"即可修改剖面名称。鼠标左键双击"剖面1"，即可在右侧主视图调用"剖面图 1"，如图 13.35 所示。

在平面视图中，剖切符号旁有两个（图 13.36）：

①循环剖面端头符号——作用为调整剖面符号的位置；

②翻转剖面符号——作用为改变剖切方向，可以直接翻转剖切方向 180°。

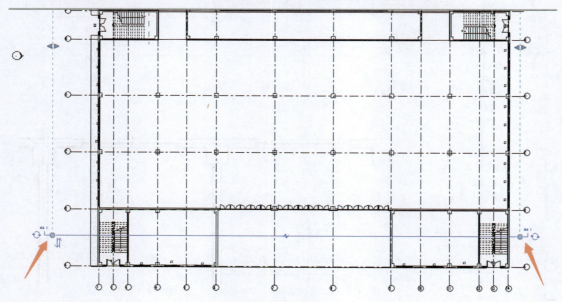

图 13.33　确定剖切位置

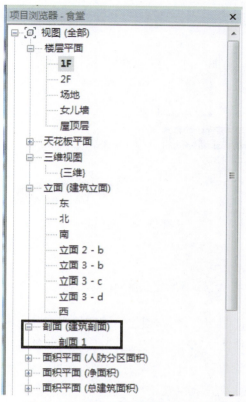

图 13.34　项目浏览器中生成剖面图

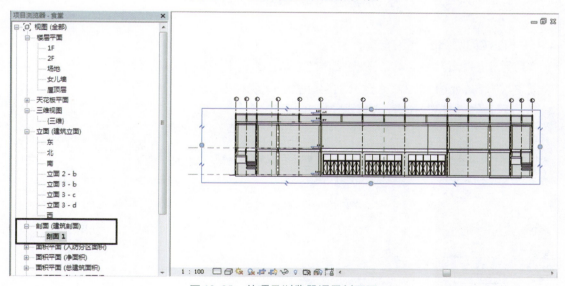

图 13.35　从项目浏览器调用剖面图

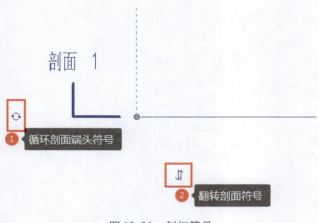

图 13.36　剖切符号

13.4　明细表统计

　　明细表的创建前提是详图信息,例如创建门或窗的明细表之前,应创建门窗大样,这样明细表中的统计信息才更有价值。基于大样详图,下面以门明细表讲解创建方法。

　　创建明细表是关于对象数量和材质等信息的提取,可以将明细表理解为模型的另一种视图,从项目中的图元属性读取信息,以表格形式呈现。明细表可以列出提取信息图元类型的每个实例,也可以合并同一类型数据的实例压缩到一行信息中。

13.4.1　创建门明细表

　　(1)单击"视图"—"创建"—"明细表",单击图表下面的下拉箭头,选择下拉列表中的"明细表/数量",如图 13.37 所示,Revit 弹出"新建明细表"对话框。

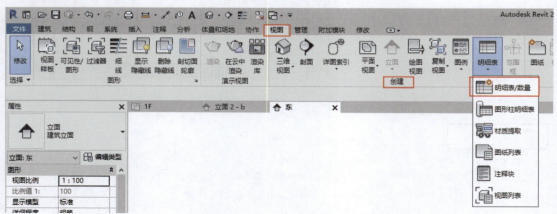

图 13.37　创建明细表命令

（2）在过滤器列表的下拉列表中选择"建筑"，"类别"的层级菜单中选择"门"，右侧的明细表名称会随着选择改变为"门明细表"，选择"建筑构件明细表"，单击"确定"按钮（图 13.38），Revit 弹出"明细表属性"对话框（图 13.39）。

（3）"明细表属性"设置：

①字段。单击"字段"标签，在"可用的字段"列表中单击需要的字段后再次单击向右箭头按钮，在"明细表字段"的列表中会出现添加的选项，列表下面有向上和向下箭头的按钮，用于控制字段的位置，

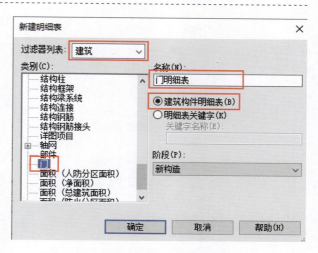

图 13.38　创建门明细表设置

这个位置将会决定最后明细表中纵向栏目的先后顺序。一般门明细表需要添加的字段包括族与类型、类型标记、宽度、高度、合计、注释等（图 13.40）。

图 13.39　门明细表属性对话框

②过滤器。单击"过滤器"标签，如图 13.41 所示，用于设置不计入明细表的对象。通过选择"过滤条件"，进行过滤；如果过滤设置为"（无）"，最后的明细表将会统计项目中所有的门构件。

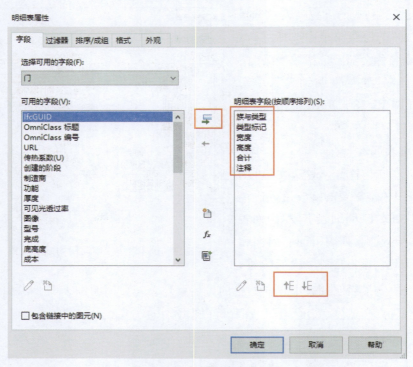

图 13.40　门明细表字段设置

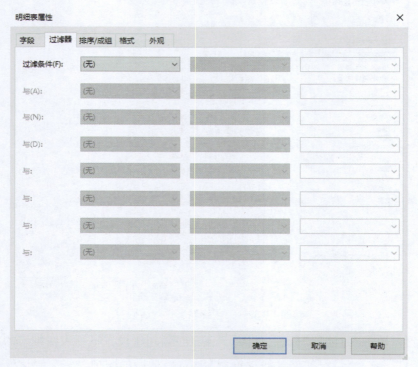

图 13.41　门明细表过滤器设置界面

③排序/成组。"排序/成组"标签用于设置明细表每一行的前后顺序,以及是否合并相同实例在明细表中。如图 13.42 所示,"排序方式"选择"族与类型",单击表示升序的按钮,勾选"总计",取消"逐项列举每个实例"选项。

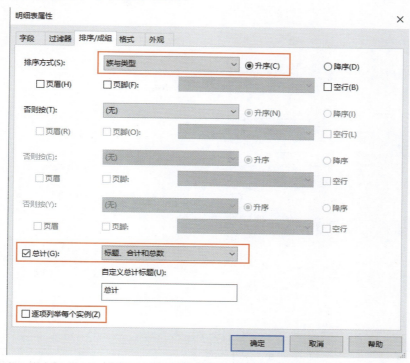

图 13.42 门明细表排序/成组设置

④格式。"格式"标签用于设置明细表中各纵栏的格式属性,单击"字段"列表中需要编辑的选项,可以在右侧修改最后呈现在表格中的标题和标题的位置。

⑤外观。"外观"标签控制明细表呈现的外观格式,包括表格线条和文字格式设置。如图 13.43 所示,在"图形"选项中勾选"网格线",选择样式为"细线";勾选"轮廓",选择样式为"细线";取消勾选"数据前的空行"。在"文字"选项中勾选"显示标题""显示页眉",修改"标题文本""标题""正文"的文字样式。最后单击"确定"按钮,软件便会生成"门明细表"视图,如图 13.44 所示。

13.4.2 编辑明细表

以上一节生成的"门明细表"为例,主视图的左侧显示"属性"面板,内容包含了"明细表属性"对话框中的全部内容,可以直接单击"编辑"按钮调阅并进行编辑(图 13.45)。

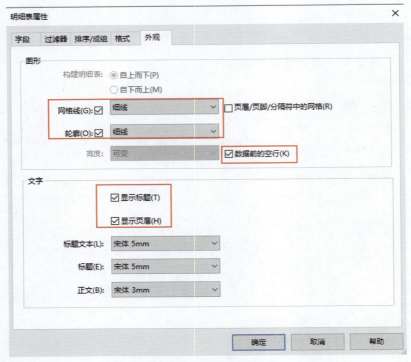

图 13.43　门明细表外观设置

<門明细表>

A	B	C	D	E	F
族与类型	类型标记	宽度	高度	数量	注释
双面嵌板连窗玻璃门 2: M1	M1	3000	2400	2	
双面嵌板连窗玻璃门 2: M2	M2	2800	2400	3	
门嵌板 50-70 双嵌板铝门: 50系列无横档	M4	1340	2725	15	

图 13.44　生成门明细表

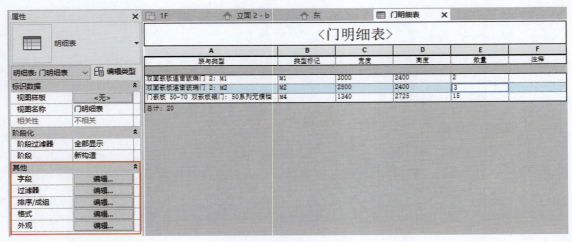

图 13.45　编辑门明细表

1）合并成组

生成的明细表在一定程度上可以像 Excel 表格一样直接编辑数据和合并纵栏成组。例如要将明细表中的"宽度"与"高度"合并成组表达，生成新的单元格。步骤如下：

（1）选中需要改变的单元格，单击"修改明细表/数量"—"合并参数"（图 13.46），或者单击"属性"面板中"字段"之后的"编辑"按钮，在弹出的"明细表属性"对话框中单击"合并参数"命令（图 13.47），两种方法都会弹出"合并参数"对话框。

图 13.46　在工具栏里调用合并参数命令

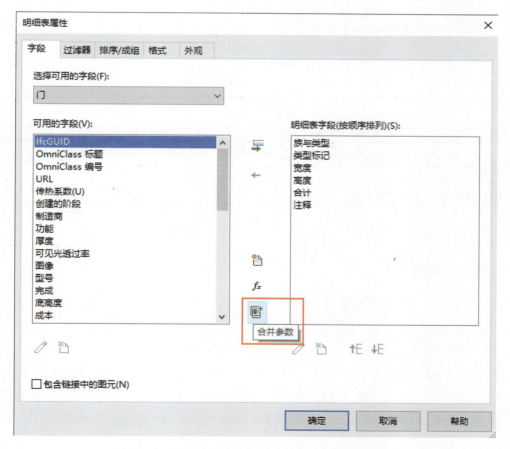

图 13.47　在明细表属性对话框中调用合并参数命令

（2）输入合并参数栏目的名称，选择合并的对象，如图 13.48 所示，单击"确定"按钮，可以看见调整后的明细表中原来"宽度"一栏变为了新添加的合并参数"尺寸（宽/高）"（图13.49）。

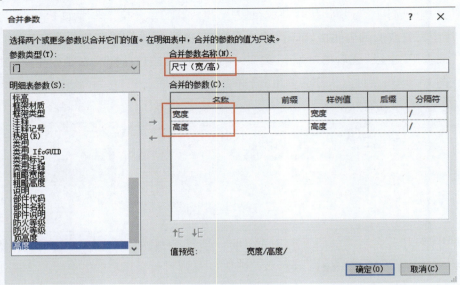

图 13.48　合并参数字段设置

⟨门明细表⟩

A	B	C	D	E	F
族与类型	类型标记	尺寸（宽/高）	高度	数量	注释
双面嵌板连窗玻璃门 2：M1	M1	3000/2400/	2400	2	
双面嵌板连窗玻璃门 2：M2	M2	2800/2400/	2400	3	
门嵌板 50-70 双嵌板铝门：50系列无横档	M4	1340/2725/	2725	15	

图 13.49　门明细表中生成合并参数栏

2）添加计算值

若需要在"字段"中添加通过计算得出的项目。以"窗明细表"为例，步骤如下：

（1）单击"属性"面板中"字段"之后的"编辑"按钮，在弹出的"明细表属性"对话框中单击"添加计算参数"命令，如图 13.50 所示，Revit 弹出"计算值"对话框。

（2）在"计算值"对话框的"名称"一栏中输入"窗洞面积"，选择"公式"，"规程"在下拉菜单中选择"公共"，"类型"选择"面积"。在"公式"一栏中单击"…"按钮，选择"宽度"，输入"＊"，再单击"…"按钮选择"高度"，最后形成"宽度＊高度"，如图 13.51 所示，单击"确定"按钮。

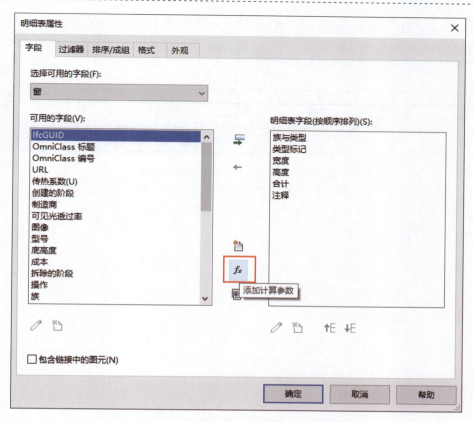

图 13.50　在明细表属性对话框中调用添加计算参数命令

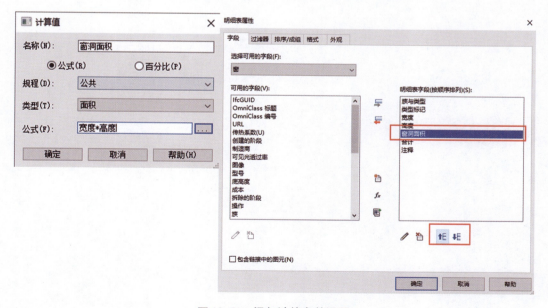

图 13.51　添加计算参数设置

如图 13.52 所示,添加的计算值"窗洞面积"便出现在了"窗明细表"中(左右位置通过"字段"标签的上下箭头符号调整)。

〈窗明细表〉

A	B	C	D	E	F	G
族与类型	类型标记	宽度	高度	窗洞面积	数量	图集
双扇平开 – 带贴	C1	2200	2200	4.84	68	
双扇平开 – 带贴	C2	1800	2200	3.96	30	

图 13.52 窗明细表中生成计算参数栏

任务 14 二维图形生成与导出

任务清单

1. 学习 Revit 设计出图操作，跟随讲解练习创建图纸及放置图形设置。

2. 独立完成导出"食堂"BIM 模型的 PDF 版本图纸，包括楼层平面图、4 个立面图、1 个剖面图，并保存在文件夹中。

14.1 生成图纸

14.1.1 创建图纸

打开项目文件，单击"视图"—"图纸组合"—"图纸"，如图 14.1 所示。Revit 弹出"新建图纸"对话框（图 14.2），在"选择标题栏"中选择项目所需的图幅和图框。若需要载入列表里没有的图幅和图框，则单击"载入"按钮，在新弹出的"载入族"对话框中选择文件载入（图 14.3）。

图 14.1 创建图纸命令

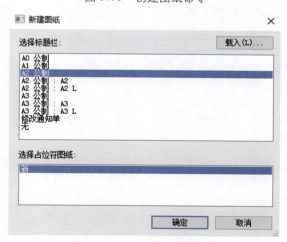

图 14.2 新建图纸对话框

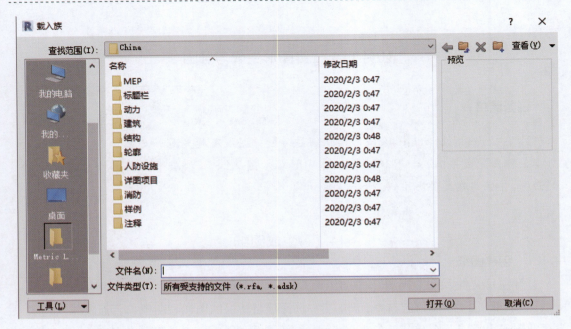

图 14.3　载入族对话框

14.1.2　设置图纸属性

在创建完成的图纸视图左侧的"属性"面板内容会随之变为该图纸的属性内容,包含图形、标识数据、其他 3 个下拉菜单(图 14.4)。

图 14.4　图纸属性面板

1)图形

"图形"展开列表中只有"可见性/图形替换"和"比例"两项需要设置,单击"可见性/图形替换"后的"编辑"按钮,Revit 弹出"图纸-可见性/图形替换"对话框,比图形界面下的"图纸-可见性/图形替换"对话框少了一个"分析模型类别"选项卡,如图 14.5 所示。

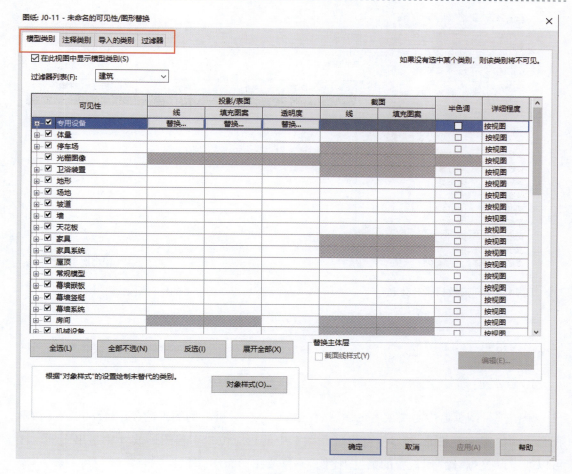

图 14.5　可见性/图形替换对话框

2）标识数据

在"标识数据"展开列表中（图 14.6），可以对设计人员信息进行编辑，包括审核者、设计者、审图员、绘图员，另外还有图纸编号、图纸名称、图纸发布日期也可直接在文本框中编辑。若图纸有修订，单击"图纸上的修订"后的"编辑"按钮，Revit 会弹出"图纸上的修订"对话框（图 14.7），以便直接查看图纸修订内容。

标识数据	
相关性	不相关
参照图纸	
参照详图	
发布的当前修...	☐
当前修订发布...	
当前修订发布...	
当前修订日期	
当前修订说明	
当前修订	
审核者	审核者
设计者	设计者
审图员	审图员
绘图员	作者
图纸编号	J0-11
图纸名称	未命名
图纸发布日期	02/06/20
显示在图纸列...	☑
图纸上的修订	编辑...

图 14.6 标识数据展开列表

图纸上的修订 ✕

修订	日期	显示在修订明细表中
序列 1 - 修订 1	日期 1	☐

确定(K)　取消(C)

图 14.7 图纸上的修订对话框

14.1.3 布图

1)放置图形

单击项目浏览器中需要放置的图,按住鼠标不放,拖至右侧图框内(图 14.8),放开鼠标,在合适的位置单击左键,图形便会出现在图框中的相应位置。若图形放置后超出图框范围,可以通过调整"属性"面板中的"视图比例"来修改图形大小(图 14.9)。

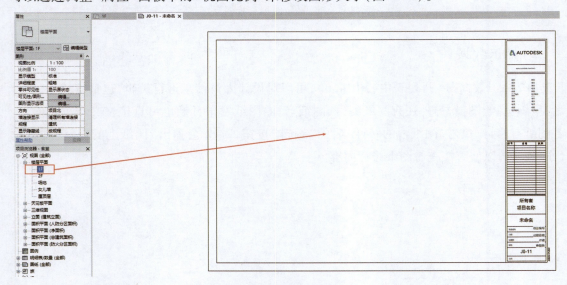

图 14.8 放置图形到图框内

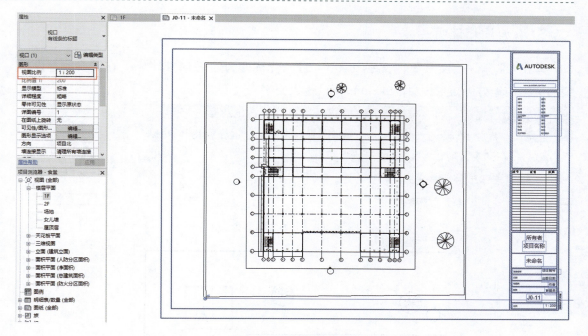

图 14.9 调整视图比例

2）编辑图纸名称

项目浏览器"图纸"层级下可以看到项目的所有图纸，单击选中图纸，再对着已选中的图纸单击左键（或单击右键选择"重命名"），Revit 弹出"图纸标题"对话框（图 14.10），可在此修改图纸编号（数量即可作为图纸编号）和名称。

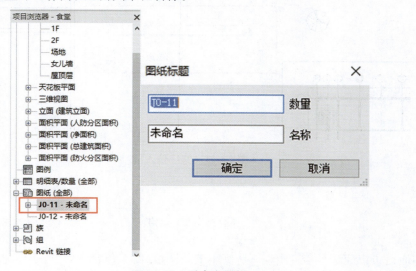

图 14.10 重命名图纸

3）添加设计说明

单击"注释"—"文字"—"文字"（图 14.11），光标变为如图 14.12 所示，在需要放置设计说明文字的地方画矩形框（图 14.13），便可输入文字。

图 14.11 添加文字命令

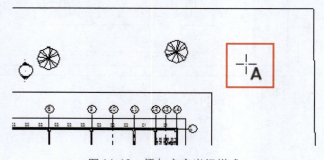

图 14.12 添加文字光标样式

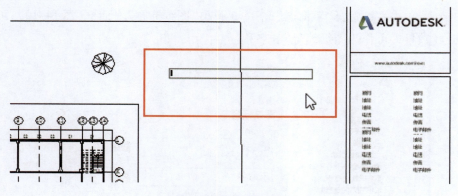

图 14.13 文字输入框

14.2 打 印

打印通道可以完成两类工作，一是打印纸质图纸，二是输出 PDF 或 JPG 版本的电子版图纸，两种工作的操作区别是选择打印机不同。

14.2.1 打印纸质图纸

打开项目文件,单击"文件"—"打印"—"打印",Revit 弹出"打印"对话框(图 14.14)。

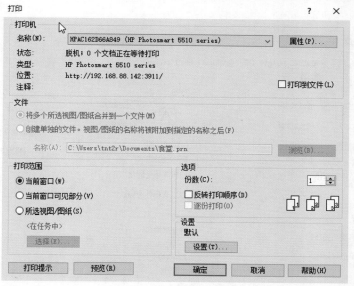

图 14.14 打印对话框

(1)选择符合要求的打印机,单击右侧的"属性"按钮,按需求跟随弹出的对话框依次设置好打印机相关属性,单击"确定"按钮。

(2)设置"打印范围"面板。若为选择"所选视图/图纸",则下方的"选择…"按钮会被激活,单击便会弹出"视图/图纸集"对话框(图 14.15),勾选需要打印的图纸后返回"打印"界面。

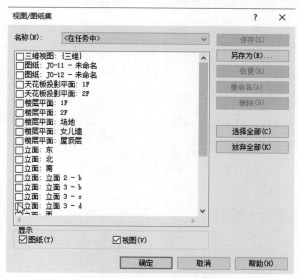

图 14.15 视图/图纸集对话框

（3）设置"选项"面板，如打印份数、是否反转打印顺序等。

（4）若还有其他出图打印要求，单击"设置"面板中的"设置…"按钮，Revit 弹出"打印设置"对话框（图 14.16），此对话框也可通过单击"文件"—"打印"—"打印设置"调出，根据需要设置完成后单击"确定"按钮。

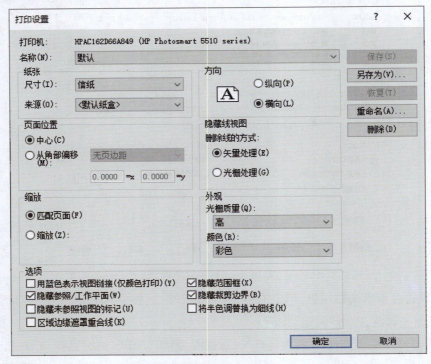

图 14.16　打印设置对话框

（5）回到"打印"对话框界面，单击"预览"，先预览效果，再正式打印出图。

14.2.2　另存 PDF 文件

调出"打印"对话框。

（1）选择系统中安装好的 PDF 打印机（图 14.17），并单击右侧"属性"按钮，设置相关信息，单击"确定"回到"打印"对话框界面。

（2）在"文件"面板中选择是否合并或者单独生成一个文件，单击"名称"空白条之后的"浏览"按钮，指定生成文件的存储路径。

下面步骤同打印纸质图纸基本一致。

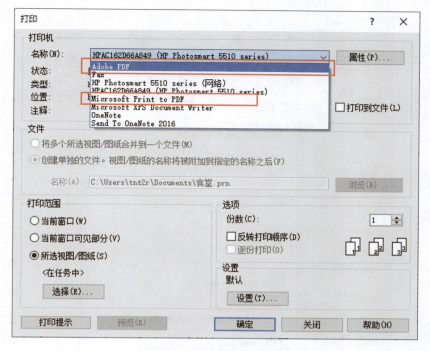

图 14.17　选择 PDF 打印机

14.3　导　出

需要实现 Revit 软件文件与其他软件文件交换的目的,"另存为"命令只能实现兼容软件之间的文件转换,若需要转换文件后缀名,则应通过"导出"命令实现。由于 Revit 软件生成的 BIM 模型是一种三维数据,且携带许多参数,类型丰富,在导出过程中根据设置和导出目标的不同,会出现数据简化、覆盖、隐藏的情况。为弥补 Revit 二维出图的若干不足,工作中涉及很多 Revit 文件与 CAD 文件之间的转换。需要注意的是,如果直接将 Revit 中的三维模型导出为 CAD 格式文件,则实际导出的是一个三维模型,在 CAD 中打开得到的也是一个三维模型,无法调用二维视图。若要达到 CAD 调用编辑二维图纸的目的,需要导出 Revit 中已经完成布图的二维图纸,之后才能在 AutoCAD 中打开二维视图。下面以导出 DWG 文件为例介绍操作步骤:

(1)打开项目文件,单击"文件"—"导出"—"CAD 格式"—"DWG"(图 14.18),Revit 会弹出"DWG 导出"对话框(图 14.19)。

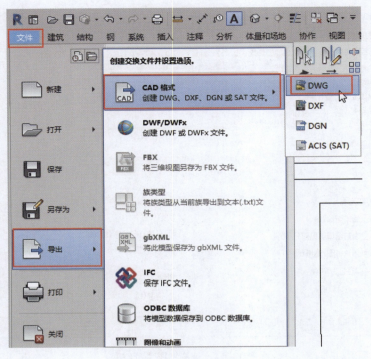

图 14.18　导出文件命令

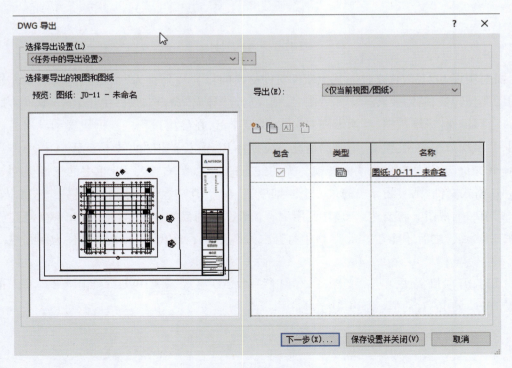

图 14.19　DWG 导出对话框

（2）在"选择导出设置"面板中单击"…"按钮，弹出"修改 DWG/DXF 导出设置"对话框。界面中有多个选项卡，包括层、线、填充图案、文字和字体、颜色、实体、单位和坐标、常规，在这些选项卡中可以设置文件转换之后的替换内容。为保证导出后的 DWG 文件图层不混乱，建议在"层"选项卡中，将"导出图层选项"设置为"导出所有属性 BYLAYER，并创建新图层用于替换"（图 14.20）。"根据标准加载图层"的下拉选项中若没有适用的选项，可以选择"从以下文件加载设置…"加载适用的标准。设置完成后单击"确定"按钮，回到"DWG 导出"对话框界面。

图 14.20   导出图层选项选择

（3）在"DWG 导出"对话框界面中设置"导出"为"任务中的视图/图纸集"，在"按列表显示"的菜单中选择"模型中的图纸"，然后勾选下面列表中需要导出的图纸（图 14.21），单击"下一步"按钮，Revit 会弹出保存路径对话框，设置好保存位置，单击"确定"按钮。

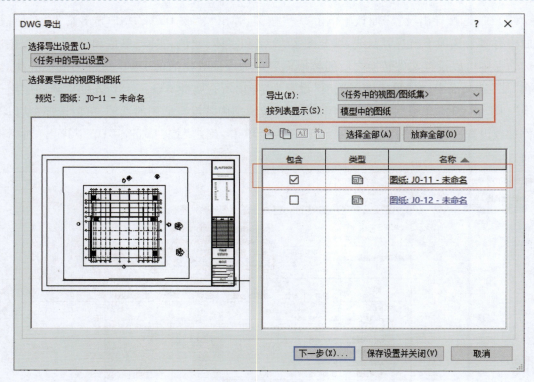

图 14.21　导出 DWG 文件设置

参考文献

［1］查克·伊斯曼,等.BIM 手册(原著第二版)［M］.耿跃云,尚晋,译.北京:中国建筑工业出版社,2016.

［2］李云贵.建筑工程设计 BIM 应用指南［M］.2 版.北京:中国建筑工业出版社,2017.

［3］浙江省住房和城乡建设厅.DB33/T1154—2018:建筑信息模型(BIM)应用统一标准［S］.北京:中国计划出版社,2018.

［4］邓兴龙.BIM 技术 Revit 建筑设计应用基础［M］.广州:华南理工大学出版社,2017.

［5］史瑞英,董贵平.Revit Architecture—BIM 应用实战教程［M］.北京:化学工业出版社,2018.

［6］夏彬.Revit 全过程建筑设计师［M］.北京:清华大学出版社,2017.

［7］罗雪,高露.建筑识图与构造［M］.北京:北京理工大学出版社,2017.

［8］黄亚斌,王全杰,赵雪锋.Revit 建筑应用实训教程［M］.北京:化学工业出版社,2016.

［9］周基,张泓.BIM 技术应用——Revit 建模与工程应用［M］.武汉:武汉大学出版社,2017.

［10］中华人民共和国住房和城乡建设部.GB/T 50001—2017:房屋建筑制图统一标准［S］.北京:中国建筑工业出版社,2018.

［11］中华人民共和国住房和城乡建设部.GB/T 50104—2010:建筑制图标准［S］.北京:中国建筑工业出版社,2011.

模型图纸文件下载